Prasann Kumar

Guerra verde contra a diabetes e controlo da qualidade dos medicamentos

AF671983

Prasann Kumar

Guerra verde contra a diabetes e controlo da qualidade dos medicamentos

Guerra Verde

ScienciaScripts

Imprint
Any brand names and product names mentioned in this book are subject to trademark, brand or patent protection and are trademarks or registered trademarks of their respective holders. The use of brand names, product names, common names, trade names, product descriptions etc. even without a particular marking in this work is in no way to be construed to mean that such names may be regarded as unrestricted in respect of trademark and brand protection legislation and could thus be used by anyone.

Cover image: www.ingimage.com

This book is a translation from the original published under ISBN 978-620-2-05968-8.

Publisher:
Sciencia Scripts
is a trademark of
Dodo Books Indian Ocean Ltd. and OmniScriptum S.R.L publishing group

120 High Road, East Finchley, London, N2 9ED, United Kingdom
Str. Armeneasca 28/1, office 1, Chisinau MD-2012, Republic of Moldova, Europe
Printed at: see last page
ISBN: 978-620-7-89865-7

Copyright © Prasann Kumar
Copyright © 2024 Dodo Books Indian Ocean Ltd. and OmniScriptum S.R.L publishing group

Carinhosamente dedicado
a
Os meus queridos pais

RECONHECIMENTO

"O AUTOR AGRADECE AO DEPARTAMENTO DE AGRONOMIA, ESCOLA DE AGRICULTURA, LOVELY PROFESSIONAL UNIVERSITY, JALANDHAR, PUNJAB, INDIA POR FORNECER O APOIO MORAL AO AUTOR"

Data: 02.10.2017PRASANN KUMAR
Local: LPU JALANDHAR

ÍNDICE

CAPÍTULO 1

INTRODUÇÃO

As plantas são uma fonte exemplar de fármacos e muitos dos fármacos disponíveis no passado e atualmente derivam direta ou indiretamente delas. A Organização Mundial de Saúde (OMS) estima que a mortalidade por diabetes e doenças cardíacas custa à Índia cerca de 210 mil milhões de dólares por ano, prevendo-se que aumente para 335 mil milhões de dólares nos próximos dez anos. A Associação de Fabricantes de Medicamentos Ayurvédicos (ADMA) estima que o valor atual do comércio do sistema indiano de medicina (principalmente Ayurveda, Siddha e Unani) e da homeopatia seja de cerca de 4205 milhões de rúpias, o que corresponde aproximadamente a mil milhões de dólares. Com o aumento constante dos doentes diabéticos no país, a procura de medicamentos à base de plantas aumentou tremendamente. É neste contexto que centenas de plantas medicinais e aromáticas importantes de várias regiões agro-climáticas do país, incluindo a região dos Himalaias indianos, têm sido objeto de investigação devido aos seus medicamentos e valores comerciais. Foram feitos esforços para melhorar o seu valor medicinal em termos de qualidade e quantidade, para além de as conservar utilizando técnicas de cultura de tecidos. A garantia de qualidade das formulações à base de plantas é a principal preocupação da investigação fitomedicinal atual devido ao aumento dos relatórios de toxicidade. Uma das principais razões da toxicidade das formulações à base de plantas é a contaminação de metais pesados no extrato de plantas. *A Mentha spicata* (Pudina) demonstrou ter uma excelente capacidade de eliminação de metais pesados de locais contaminados e sugere-se que, para elaborar qualquer formulação ayurvédica que envolva plantas medicinais com uma boa capacidade de eliminação de metais pesados, é necessário ter cuidado, porque é provável que essas plantas tenham contaminação por metais pesados nos seus extractos, se crescerem em locais contaminados. As novas orientações para a normalização, o fabrico, o controlo de qualidade e a garantia de qualidade necessitam de uma investigação científica vigorosa para os tratamentos tradicionais. A análise e o controlo de qualidade dos medicamentos à base de plantas estão a evoluir para uma direção integradora e abrangente, de modo a abordar melhor a natureza inerente dos medicamentos à base de plantas. A normalização dos medicamentos significa a confirmação da identidade, bem como a determinação da sua qualidade e pureza. O controlo e a garantia da qualidade são a necessidade do momento para a eficácia e a segurança das formulações ayurvédicas, que utilizam técnicas convencionais e avançadas para garantir produtos de elevada qualidade. As plantas medicinais são uma parte integrante da sociedade humana para combater as doenças desde os primórdios da civilização. A garantia de qualidade das formulações à base de plantas é a principal preocupação da investigação fitomedicinal atual devido ao aumento dos relatórios de toxicidade. Uma das principais razões da toxicidade das formulações à base de plantas é a contaminação por metais pesados no extrato da planta. Em geral, o controlo de qualidade baseia-se em três definições importantes da Farmacopeia:

[A] Identidade: A erva é a que deveria ser?

[B] Pureza: Os contaminantes, sob a forma de outras ervas, estão presentes?

[C] Teor ou doseamento: O teor de componentes activos está dentro dos limites definidos?

Os medicamentos à base de plantas têm sido utilizados desde a pré-história como medicamentos a favor da cura de uma série de doenças. As plantas medicinais têm desempenhado um papel fundamental no sector da saúde. Apesar dos imensos avanços observados na medicina moderna nas últimas décadas, as plantas continuam a dar um contributo importante para os cuidados de saúde. As plantas medicinais estão disseminadas por todo o mundo, mas são mais abundantes nos países tropicais. Prevê-se que 25% de todos os medicamentos modernos sejam inabalavelmente ou de alguma forma derivados de plantas superiores. Os agentes fototerapêuticos ou fitomedicamentos são preparações herbáceas consistentes, constituídas por uma combinação multifacetada de plantas solitárias ou adicionadas, que são utilizadas na maioria dos países para o tratamento de uma série de doenças. Mais do que alguns factores importantes contribuíram para o crescimento deste mercado mundial de fitoterapêuticos, entre os quais se podem mencionar os seguintes

[A] Aumento do preço dos medicamentos sintéticos

[B] Melhoria da qualidade, prova de utilidade e proteção dos medicamentos à base de plantas

[C] Tendência para a auto-medicação

[D] A convicção de que os medicamentos à base de plantas podem ser uma ajuda eficaz na cura de uma doença comprovada, quando as terapias e os medicamentos habituais se revelaram insuficientes.

[E] Apetência da população pela medicina preventiva devido ao aumento da idade da população

[F] Imenso interesse em medicamentos de opção

[G] Preocupação com os efeitos secundários indesejáveis dos medicamentos modernos e a crença de que os medicamentos à base de plantas estão isentos de efeitos secundários, uma vez que milhões de pessoas em todo o mundo utilizam medicamentos à base de plantas há milhares de anos

[H] Primeira escolha dos consumidores para terapias naturais Em comparação com os medicamentos sintéticos bem definidos, os medicamentos à base de plantas apresentam algumas diferenças marcantes, nomeadamente

[A] A doutrina ativa é habitualmente desconhecida;

[B] A gestão da consistência, da solidez e da eminência é possível, mas não é simples

[C] A acessibilidade e a excelência das matérias-primas são habitualmente um desafio

[D] Não são habituais estudos médicos e toxicológicos em dupla ocultação e bem controlados que demonstrem a sua eficácia e proteção

[E] O exercício experimental na medicina popular é uma caraterística muito importante;

[F] Abrangem uma vasta gama de utilizações terapêuticas e são adequados para o tratamento crónico

[G] A ocorrência de efeitos secundários indesejáveis parece ser menos frequente com os medicamentos à base de plantas, mas ensaios clínicos aleatórios e bem controlados revelaram que também existem

[H] Normalmente custam menos do que as drogas sintéticas

As plantas constituem uma excelente fonte de fármacos e os fármacos precedentes ou atualmente disponíveis derivam direta ou indiretamente delas. Um número variado de plantas comuns com a maior diversidade nas suas propriedades, bem como extractos brutos e compostos activos isolados das mesmas, podem induzir uma redução drástica do peso corporal e prevenir a obesidade induzida pela dieta. Por essa razão, têm sido amplamente utilizadas no tratamento da diabetes. A técnica de cultura de tecidos vegetais ajuda a gerar um grande número de plantas medicinais com propriedades anti-diabéticas e anti-obesidade[1-2] . A diabetes e a obesidade são as duas faces de uma mesma moeda. A obesidade é um dos factores de risco autónomo de graves problemas de saúde relacionados com doenças contínuas como a diabetes. A Federação Internacional da Diabetes calcula que o número de doentes diabéticos no mundo deverá aumentar para 380 milhões até 2025. Na Índia, prevê-se que este número aumente para 69,9 milhões até 2025. Atualmente, cerca de 11% dos habitantes urbanos da Índia e 3% dos habitantes rurais, com mais de 15 anos de idade, têm diabetes. A diabetes afecta todas as pessoas da sociedade, e não apenas as que vivem com ela. Atualmente, devido à insatisfação com os custos elevados e os efeitos secundários potencialmente perigosos dos medicamentos sintetizados quimicamente, o potencial dos produtos naturais para o tratamento da diabetes está a ser explorado e esta pode ser uma excelente estratégia alternativa para o desenvolvimento de futuros medicamentos antidiabéticos eficazes e seguros (Anis et al., 2005). Consequentemente, o controlo da qualidade e a normalização dos medicamentos à base de plantas também implicam uma série de outras etapas, como a origem e a qualidade das matérias-primas, excelentes práticas agrícolas e excelentes práticas de fabrico. Factores como a utilização de plantas frescas, a idade e a parte da planta recolhida, o período, a hora e o método de recolha, a temperatura de processamento, a exposição à luz, a disponibilidade de água, os nutrientes, a secagem, a embalagem, o transporte da matéria-prima e o armazenamento podem afetar grandemente a qualidade e, por conseguinte, o valor terapêutico dos medicamentos à base de plantas. Para além destes critérios, factores como a contaminação por metais pesados (Al-Naggar et al., 2010)' contaminação por microrganismos e pesticidas podem alterar a qualidade, a segurança e a eficácia dos medicamentos à base de plantas. Plantas anti-diabéticas como *Coccinia indica, Tragia involucrate, Pterocarpus marsupium, Moringa oleifera, Eugenia jambolana, Tinospora cordifolia, Swertia chirayita, Momordica charantia, Ficus glomerate, Vinca rosa, Allium cepa, Allium sativum, Terminalia bellirica, Brassica juncea, Murrya koeingii, Aloe vera, Cajanus cajan, Mucuna prurita* e *Stevia rebaudiana* contêm várias centenas de constituintes e alguns deles estão presentes em concentrações muito próximas do solo. Apesar das medidas de investigação química contemporâneas acessíveis, só em raras ocasiões é que as investigações fitoquímicas conseguem separar e categorizar todos os metabolitos secundários presentes no extrato da planta. A vantagem de extrair metabolitos secundários utilizando cultura de tecidos de plantas é:

[A] O recurso destes metabolitos, ou seja, a maioria das plantas superiores tem necessidades agroclimáticas precisas, pelo que podem ser produzidos metabolitos específicos em culturas durante todo o ano, mesmo em locais onde estas culturas não são cultivadas.

[B] No futuro, o fornecedor insuficiente destas matérias-primas não pode ser desgastado.

[C] De tempos a tempos, não em todos os casos, mas pelo menos em alguns casos, as células em cultura tendem a produzir maiores quantidades destes metabolitos desejados do que as acumuladas na natureza sem intervenção humana.

[D] A criopreservação é o melhor método de proteção do sortido genético e do germoplasma de plantas medicinais.

[E] Transferência de genes através da tecnologia do ADN recombinante e dos marcadores moleculares sob a forma de polimorfismo de comprimento de fragmentos amplificados [AFLP] e de ADN polimórfico amplificado ao acaso [RAPD].

No nosso estudo com a *Mentha spicata* (Pudina), verificámos que tem uma excelente capacidade de eliminação de metais pesados em locais contaminados (Kumar P. 2011; Kumar P e Dwivedi, 2012). Para estudar a carga de metais pesados das lamas de depuração e o seu efeito na qualidade das plantas medicinais em relação a locais não aplicados, foram recolhidas simultaneamente lamas sólidas e plantas medicinais de sete estações de tratamento de águas residuais (ETAR), nomeadamente Howrah, Garulia, Bhatpara, Nabadwip, Srirampur, Kona, Chandanager, e das zonas periurbanas viz. Nadia/Chakdaha/Ektapur (N/C/E), Pumlia (N/C/P),

Sikarpur (N/C/S), Tatla (N/C/T) - todas em Bengala Ocidental. Cerca de 6-10 amostras individuais foram misturadas e uma amostra média foi compilada para análise. As amostras de plantas foram cuidadosamente limpas com HCl 0,01N seguido de água destilada. Finalmente, foram secas a 60°C e trituradas. 0,5 gramas das amostras processadas foram digeridas com uma mistura de di-ácidos (HNO_3:$HClO_4$, 9:4) numa placa quente. As soluções claras foram filtradas através de

Papel de filtro Whatman e diluído a 50 ml para análise por Espectrofotómetro de Absorção Atómica. O AAS utiliza o fenómeno de que os átomos no estado fundamental absorvem luz de um comprimento de onda específico, caraterístico do átomo em causa, quando a luz passa através de uma camada de vapor atómico do elemento a determinar. A concentração de Cd, Pb, Cr e Ni nas raízes de plantas de pudina em diferentes STPs variou de 0,83, 6,83, 25,3 e <0,05 mg kg^{-1} , respetivamente (Kumar P. 2011; Kumar P e Dwivedi, 2012)· A concentração de Cd, Pb, Cr e Ni nos rebentos variou de 0,43, 6,20, 26,7 e <0,05 mg kg^{-1} , respetivamente. É necessário ter cuidado ao utilizar os recipientes fechados de digestão a alta pressão e o instrumento de laboratório de micro-ondas recomendados pelo fabricante. Assim, a nossa investigação mostra que as plantas de pudina têm a melhor capacidade de eliminação de Pb e Cr. O níquel tinha uma concentração negligenciável nas partes da planta. As plantas medicinais podem revelar-se a melhor fonte de fitorremediação em terrenos baldios afectados pela toxicidade de metais pesados. Com base nas nossas descobertas, sugerimos que, para fazer qualquer formulação ayurvédica que envolva plantas medicinais, particularmente *a Mentha spicata*, é necessário ter cuidado, porque as plantas medicinais com uma boa capacidade de eliminação de metais pesados são susceptíveis de ter contaminação por metais pesados nos seus extractos, se crescerem em locais contaminados.

CAPÍTULO 2

PLANTAS MEDICINAIS E ADULTERAÇÃO MICROBIANA

A etnobotânica (o estudo das utilizações tradicionais das plantas pelo homem) é reconhecida como uma forma eficaz de descobrir futuros medicamentos. Todas as plantas produzem compostos químicos como parte das suas actividades metabólicas normais. Estes fitoquímicos dividem-se em

(1) Metabolitos primários, como os açúcares e as gorduras, que se encontram em todas as plantas; e

(2) Metabolitos secundários - compostos que se encontram numa gama mais pequena de plantas, com uma função mais específica.

As plantas sintetizam uma variedade desconcertante de fitoquímicos, mas a maioria é derivada de alguns motivos bioquímicos

- Os alcalóides são uma classe de compostos químicos que contêm um anel de azoto. Exemplos são o anestésico local e estimulante cocaína; o psicadélico psilocina; o estimulante cafeína; a nicotina; o analgésico morfina; o antibacteriano berberina; o composto anticancerígeno vincristina; o anti-hipertensivo reserpina; o colinomimérico glutamina; o espasmolítico atropina; o vasodilatador vincamina; o antiarrítmico quinidina; o anti-asmático efedrina; e o antimalárico quinina.
- Os polifenóis (também conhecidos como fenólicos) são compostos que contêm anéis fenólicos. As antocianinas que dão às uvas a sua cor púrpura, as isoflavonas, os fitoestrogénios da soja e os taninos

que dão ao chá a sua adstringência são fenólicos.

- Os terpenos são uma classe grande e diversificada de compostos orgânicos, produzidos por uma variedade de plantas, em particular as coníferas, que têm frequentemente um cheiro forte e, por isso, podem ter tido uma função protetora.

ACTIVIDADES ANTIMICROBIANAS

O rastreio antimicrobiano de extractos de plantas é geralmente efectuado com extractos brutos de álcool ou aquosos preparados por métodos de extração a frio ou a quente. O extrato bruto ou alcoólico de várias plantas foi analisado quanto às suas possíveis actividades antimicrobianas contra vírus, bactérias, fungos e protozoários patogénicos. Um cientista testou extractos brutos de trinta e nove espécies de plantas quanto ao seu potencial antifúngico contra sete fungos patogénicos de plantas economicamente importantes. As doenças das plantas criam problemas difíceis na agricultura comercial e representam ameaças económicas reais tanto para os sistemas agrícolas convencionais como para os biológicos. A gestão das doenças é complicada pela presença de múltiplos tipos de agentes patogénicos. Para qualquer cultura, o agricultor tem de lidar com uma variedade de fungos, bactérias, vírus e nemátodos. Esta situação é ainda mais complicada para os produtores de produtos hortícolas biológicos, porque normalmente produzem uma grande variedade de culturas hortícolas e estão proibidos de aplicar fungicidas sintéticos convencionais. O mercado mundial continua a ser extremamente competitivo e continua a exigir que os produtores forneçam produtos de elevada qualidade, isentos de doenças e com um prazo de validade aceitável. A gestão das doenças é, por conseguinte, uma consideração fundamental na produção biológica de produtos hortícolas. A bavistina, o mancozebe e o tirame são os fungicidas para plantas mais comummente utilizados. Estes fungicidas sintéticos provocam a inibição dos agentes patogénicos, quer destruindo a sua membrana celular ou a sua permeabilidade, quer inibindo os processos metabólicos dos agentes patogénicos, pelo que são extremamente eficazes. O outro lado da questão é que os produtos químicos sintéticos são prejudiciais para a saúde humana e para a saúde do solo. Sabe-se que os fungicidas químicos poluem o ambiente, o solo e a água, para além de causarem efeitos deletérios na saúde humana e na biosfera. A utilização inadequada de produtos agroquímicos, especialmente fungicidas, não só impõe efeitos adversos nos ecossistemas, como também apresenta um possível risco cancerígeno superior ao dos insecticidas e herbicidas juntos. Além disso, a resistência dos agentes patogénicos aos fungicidas tornou alguns fungicidas ineficazes. Por conseguinte, é necessário procurar uma estratégia ambientalmente segura e economicamente viável para o controlo de doenças e reduzir a dependência dos produtos agroquímicos sintéticos. As tendências recentes favorecem a utilização de substâncias alternativas derivadas de extractos naturais de plantas para controlar as pragas. A utilização de produtos naturais para o controlo de doenças fúngicas nas plantas é considerada uma alternativa interessante aos fungicidas sintéticos devido ao seu menor impacto negativo no ambiente. Estes produtos naturais ou extractos de plantas podem ser explorados como pistas para a síntese química de novos agroquímicos, ou como produtos comerciais por direito próprio, ou como fonte de inspiração para bioquímicos para o desenvolvimento de novos bioensaios capazes de detetar outros compostos, estruturalmente mais simples, com o mesmo modo de ação. As preparações de produtos vegetais e os bio-agentes não deixam resíduos tóxicos e, por conseguinte, podem substituir eficazmente os fungicidas sintéticos. A utilização de plantas medicinais pode assim oferecer uma nova fonte de agentes antibacterianos, antifúngicos e antivirais com uma atividade significativa contra os microrganismos. Os produtos vegetais têm sido utilizados como correção do solo, imersão de raízes nuas, tratamento de sementes, etc., para a gestão de várias culturas. A matéria orgânica influencia as características físicas do solo, como a dimensão dos poros, o arejamento, a temperatura, a capacidade de retenção de água, etc., o que contribui para uma melhor solubilização dos minerais, juntamente com os nutrientes libertados pela decomposição da matéria orgânica. Um cientista utilizou solo modificado com adubo orgânico, exposição do solo à luz solar (solarização) e inundação do solo para a gestão da doença de Rhizoctonia na batata. As plantas medicinais suscitaram o interesse do homem pelos seus valores terapêuticos, principalmente devido à presença de metabolitos secundários. É óbvio que as plantas têm o seu próprio mecanismo de defesa contra a infeção por quase todos os microrganismos. Ao reconhecerem o agente patogénico invasor, as plantas sintetizam vários produtos químicos tóxicos, como fenólicos, fitoalexinas e lignina, e tentam afastar o agente patogénico. As propriedades antimicrobianas dos extractos de plantas resultam, por conseguinte, da presença de metabolitos secundários, como alcalóides, fenóis, flavonóides, terpenóides, óleos essenciais, etc. Vários trabalhadores relataram a atividade antimicrobiana destes metabolitos secundários.

1. NOME BOTÂNICO: *Strychnos nuxvomica* Linn.

FAMÍLIA : Loganiaceae

DESCRIÇÃO BOTÂNICA

Árvore de folha caduca, até 30 m de altura, frequentemente com espinhos axilares afiados. Folhas amplamente elípticas, 7,5-15 x 4,5 -7,5 cm, 5-nervuradas, glabras, brilhantes. Flores branco-esverdeadas, em cimas terminais, pedunculadas e compostas. Fruto globoso, com 2,5-7,5 cm de diâmetro, vermelho-alaranjado quando maduro. Sementes geralmente numerosas, discóides, muito comprimidas, com cerca de 2 cm de diâmetro, convexas de um lado e côncavas do outro, revestidas de ambos os lados por finíssimos pêlos cinzentos e sedosos que irradiam do centro.

DISTRIBUIÇÃO

Pode ser encontrada em toda a Índia tropical até uma altitude de 360 m, em Uttar Pradesh, Bihar, Orissa, costa de Coromandel, Andhra Pradesh e Karnataka. É mais comum nas florestas ao longo da costa ocidental.

PEÇAS UTILIZADAS

Casca, folha, semente, madeira

ACÇÕES E UTILIZAÇÕES

A casca da raiz é amarga, tónica, febrífuga e útil na cólera, febre intermitente e mordeduras de répteis venenosos. As folhas são aplicadas como cataplasma no tratamento de feridas crónicas e úlceras e a decocção das folhas é útil em queixas paralíticas. A polpa do fruto maduro é utilizada no tratamento de afecções paralíticas das patas e dos pés. As sementes são amargas, nervosas, tónicas, alexitéricas, afrodisíacas, apetitosas, antiperiódicas, anti-helmínticas, eméticas, digestivas, febrífugas, emenagogas, purgativas, estimulantes e estomacais. São úteis na anemia, asma, bronquite, enfisema, diabetes, cólicas, febres intermitentes e maláricas, insónia, cardiopalmo, doenças de pele, debilidade nervosa, dispepsia, diarreia, disenteria, histeria, emoções mentais, epilepsia, obstipação crónica, gota, reumatismo crónico, hidrofobia, espermatorréia, envenenamento por chumbo do ópio, paralisia e fraqueza dos membros. A madeira é utilizada em casos de disenteria, dispepsia e febres. Foi demonstrado que a *Strychnos nux-vomica* suprime a resposta de anticorpos da imunoglobulina E (IgE) específica do alergénio em ratos, sugerindo a sua possível aplicação em condições alérgicas. In vitro, *a Strychnos nuxvomica* inibiu o crescimento de células de carcinoma gástrico humano AGS.

A análise fitoquímica qualitativa e a atividade antibacteriana do extrato metanólico das folhas de *Strychnos nuxvomica* foram estudadas e a sua concentração inibitória mínima contra uma bactéria específica foi também documentada (Figura 1 & 2).

COMPONENTES QUÍMICOS

Glucosídeo-loganina (frutos); brucina, estricnina, vomicina e metoxistricina (folhas e casca da raiz); C-mavacurina, estricnocrisina (raízes); brucina, estricnina, pseudobrucina, pseudostrychnina, ácidos *a*- e Pcolubrinas, vomicina, novacina, ácidos P-hidroxibenzóico, vanílico, 2-hidroxi-4-metoxibenzóico, sinápico e siríngico, caempferol, quercetina e 3'-0-metil- quercetina, protostricnina, normacusina B e 4-hidroxi-3-metoxistricnina, 3-metoxicicajina (planta) loganina, 4-hidroxistricnina, N-metil-sec-pseudo-P- colubrina, estricnina, brucina, 15-hidroxistricnina, isobrucina, óxido de isobrucina-n, óxido de isostricnina-N, 2-hidroxi-3-

metoxistricnina (sementes).

TOXICOLOGIA

A Nux vomica é um veneno poderoso em grandes doses, produzindo convulsões titânicas e, eventualmente, a morte, e em doses menores pode resultar em perturbações mentais. A estricnina é um veneno mortal com uma dose letal para os seres humanos de cerca de 30 a 120 mg. Foi registada a sobrevivência de doses substancialmente mais elevadas. As propriedades da Nux Vomica são as do alcaloide estricnina. A estricnina é eliminada com uma semi-vida de cerca de 12 horas.

SUBSTITUTOS E ADULTERANTES

As sementes de Nux-vomica são frequentemente adulteradas com as sementes de *Strychnospotatorum* e *S. nuxblanda.*

Figura 1: Partes da planta de *Strychnos nuxvomica* L.

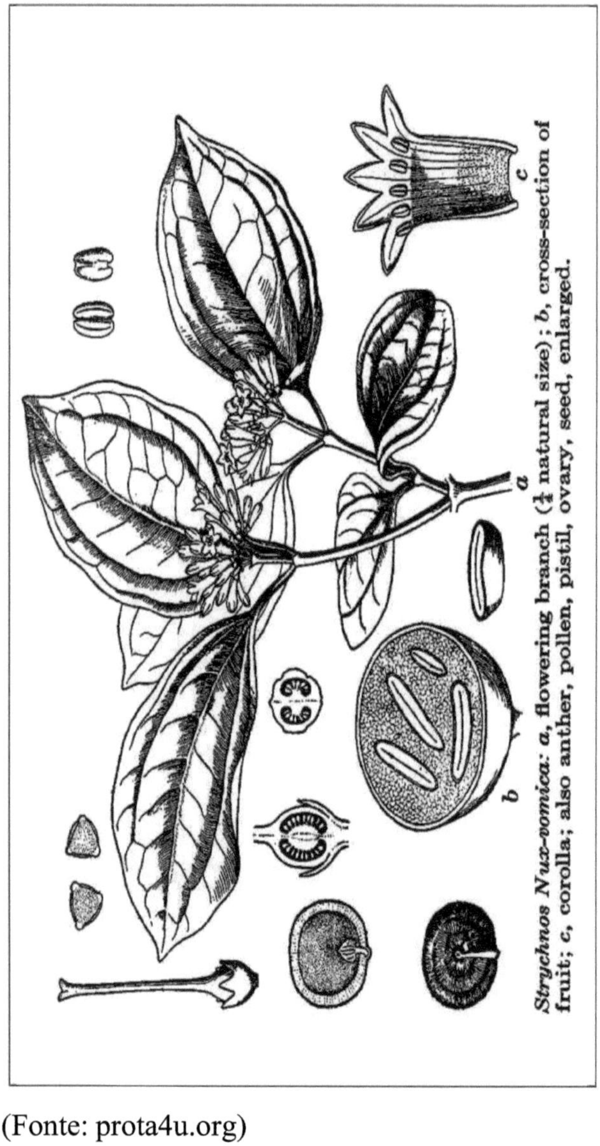

Strychnos Nux-vomica: a, flowering branch (¼ natural size); *b*, cross-section of fruit; *c*, corolla; also anther, pollen, pistil, ovary, seed, enlarged.

(Fonte: prota4u.org)

Figura 2: Estrutura química da estricnina

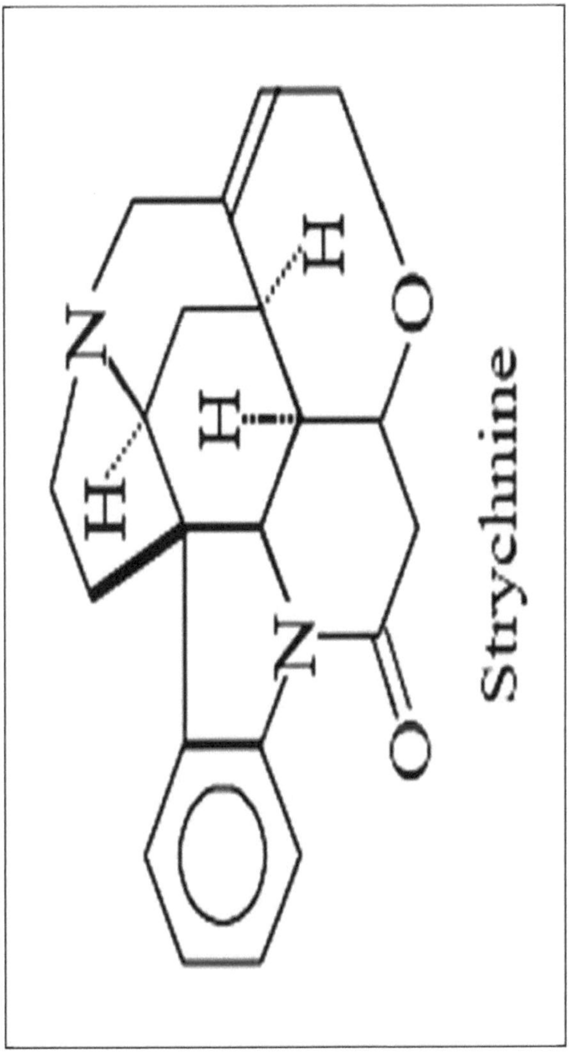

(Fonte: prota4u.org)

2. **NOME BOTÂNICO: *Rauwolfia serpentina* Linn.**

FAMÍLIA : Apocynaceae

A Rauwolfia serpentina, normalmente designada por Sarapgandha ou "raiz de serpente", foi considerada a "droga maravilhosa da Índia". *A Rauwolfia serpentina é uma* planta perene, perene, glabra, erecta sob um arbusto que cresce até uma altura de 60 cm, normalmente 30 a 40 cm. As raízes são tuberosas, com cortiça castanha clara, em ziguezague com nós irregulares, com 30 cm de comprimento. As folhas são em espirais de três, elípticas a lanceoladas ou obovadas, verde brilhante em cima, verde pálido em baixo, ponta aguda ou acuminada, basetapering e delgado e pecíolos longos. As flores são bissexuais, frequentemente brancas, com uma tonalidade violeta.

DISTRIBUIÇÃO

Encontra-se distribuída na Índia, no Paquistão, no Srilanka, na Birmânia e na Tailândia. Na Índia, está amplamente distribuída na zona sub-himalaiana do Punjab ao Nepal, Sikkim e Butão.

PEÇAS UTILIZADAS

Raízes, casca de árvore

ACÇÕES E UTILIZAÇÕES

Em algumas partes da Índia, é chamada "paagal ki booti" (planta para loucos). As suas várias actividades farmacológicas incluem atividade anticolinérgica, hipotensiva (1-2), anticontráctil, sedativa, relaxante, hipertérmica, antidiurética, simpaticomimética, hipnótica, vasodialactora, antiemética, anti-fibrilhante (3), tranquilizante (4-5), antiarrítmica, antifúngica e nematocida.

A atividade antimicrobiana de *Rauvolfia serpentina* (raízes) foi testada contra bactérias indutoras de acne, nomeadamente

Propionibacterium acnes e *Staphylococcus* epidermidis. Num estudo, a atividade antibacteriana dos extractos de metanol da folha e da raiz de *Rauvolfia serpentina foi testada* contra bactérias Gram-positivas e Gram-negativas. Como resultado, verificou-se que o extrato mostrou uma boa atividade antibacteriana contra organismos Gram-negativos. O extrato de *Rauvolfia serpentina* tem sido utilizado para tratar infecções durante milhares de anos no sistema indiano de medicamentos. É utilizado para o tratamento da febre, ansiedade, epilepsia, mordedura de cobra, reumatismo, insanidade, eczema, perturbações intestinais, perturbações psiquiátricas, perturbações nervosas, perturbações cardiovasculares, infecções bacterianas e no tratamento da esquizofrenia hipertensiva (Kirtikar e Basu, 1993; Gaur, 1999; Joshi e Kumar, 2000; Manuchair, 2002).

COMPONENTES QUÍMICOS

A Sarpagandha é constituída por um grande número de alcalóides que ocorrem numa gama de 1,7% a 3,0% nas raízes. A casca da raiz é rica em alcalóides e contém mais de 90% do total de alcalóides. A percentagem de alcalóides depende do local geográfico, da estação de colheita e da idade da planta e foram isolados mais de 30 alcalóides. Os principais são a reserpina e a ajmalina. Os outros alcalóides são a ajmalicina, a isoajmalina, a ajmalinina, a chandrina, a rawolscina, a rawolfinina, a renoxidina, a rescinamina, a reserpilina, a reserpinina, a sarpagina, a serpentina, a serpentinina e a tetrafilicina, que são os alcalóides menores encontrados nas amostras da Índia (figuras 3 e 4).

Figura 3: Partes da planta de Sarpagandha

(Fonte: prota4u.org)

Figura 4: Estrutura química da Reserpina

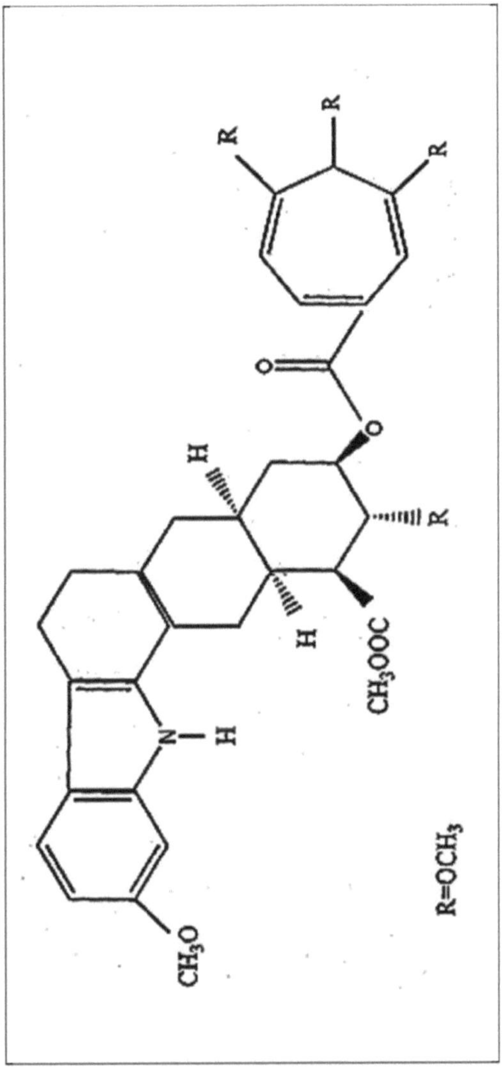

(Fonte: prota4u.org)

3. **NOME BOTÂNICO:** ***Terminalia arjuna*(Roxb.) Linn.**

FAMÍLIA :Combretaceae

Terminali arjuna (Roxb.) é uma árvore grande e perene (nome comum: árvore de arjuna). Árvore até 25 metros de altura; casca cinzenta, lisa; folhas subopostas, 5-14 × 2-4,5 cm, oblongas ou elípticas oblongas, glabras, muitas vezes em equilátero, margem frequentemente crenulada, ápice obtuso ou subagudo, base arredondada ou por vezes cordada; pecíolos 0,5-1,2 cm; glândulas geralmente duas. Flores pequenas, brancas. Fruto com 2,3-3,5 cm de comprimento, lenhoso fibroso, glabro com 5 asas duras, estriado com numerosas veias curvas. Época de floração abril-julho nas condições indianas.

DISTRIBUIÇÃO

A Terminalia arjuna é uma árvore de folha caduca (cerca de 60-70 pés de altura), abundante na Índia e no Ceilão, e também em Myanmar e no Sri Lanka.

PEÇAS UTILIZADAS

Casca, folhas e frutos

ACÇÕES E UTILIZAÇÕES

A T. arjuna (Combretaceae) é um bom agente hipocolesterolémico, hipolipidémico, anticoagulante, anti-hipertensivo, antitrombótico, antiviral, antifúngico e antibacteriano. Muitos fitoconstituintes úteis foram isolados da *T. arjuna*, incluindo triterpenóides para propriedades cardiovasculares, taninos e flavonóides para as suas propriedades anticancerígenas (Warrier et al., 1996). Por exemplo, Hipolipidémico: aumenta a eliminação do colesterol acelerando a renovação do colesterol LDL no fígado. Diminui os lípidos das beta-lipoproteínas e a recuperação dos componentes HDL na hiperlipidemia.

Estimulante cardíaco: Fortalece os músculos cardíacos e mantém o bom funcionamento do coração.

Hipotensivo: Devido à sua atividade hipolipidémica e também à propriedade diurética, actua contra a hipertensão.

Adstringente e hemostático: Tem propriedades de reforço das prostaglandinas e de modulação do risco coronário.

Cardiomiopatia como infeção do miocárdio, angina, doença da artéria coronária, insuficiência cardíaca, hipercolesterolemia e hipertensão. Em caso de ataque cardíaco, embora não possa atuar contra ele, como a estreptoquinase ou a euroquinase, a sua utilização regular após a recuperação de um ataque cardíaco reduz significativamente a probabilidade de um novo ataque. Para além de não ter sido encontrada até agora nenhuma toxicidade ou efeitos secundários, pode ser recomendada a sua utilização regular para um coração forte e funcional. A Arjuna reduz os episódios de angina muito melhor do que a nitroglicerina - Num estudo, os episódios de angina foram reduzidos para metade com a Arjuna, sem nenhum dos efeitos secundários desagradáveis.

COMPONENTES QUÍMICOS

Os flavonóides detectados na sua casca são, nomeadamente, arjunolona, flavonas, bicaleína, quercetina, kempferol e pelorgonidina. Os médicos ayurvédicos descobriram que *a Terminalia arjuna* tem atividade antibacteriana. Neste estudo, foi feita uma tentativa de rastrear a produção de ESBL entre isolados bacterianos e também de descobrir a atividade antibacteriana de extractos de casca de *Terminalia arjuna (Roxb.)* contra bactérias produtoras de ESBL. A eficácia antimicrobiana de largo espetro dos extractos de casca de *T. arjuna* em isolados clínicos de quinze espécies bacterianas e seis espécies fúngicas que se verificou serem multirresistentes. Os extractos também foram avaliados contra sete bactérias e dois fungos de estirpes ATCC (Figura 5 e 6).

Figura 5: Partes da planta de *Terminalia catppa*

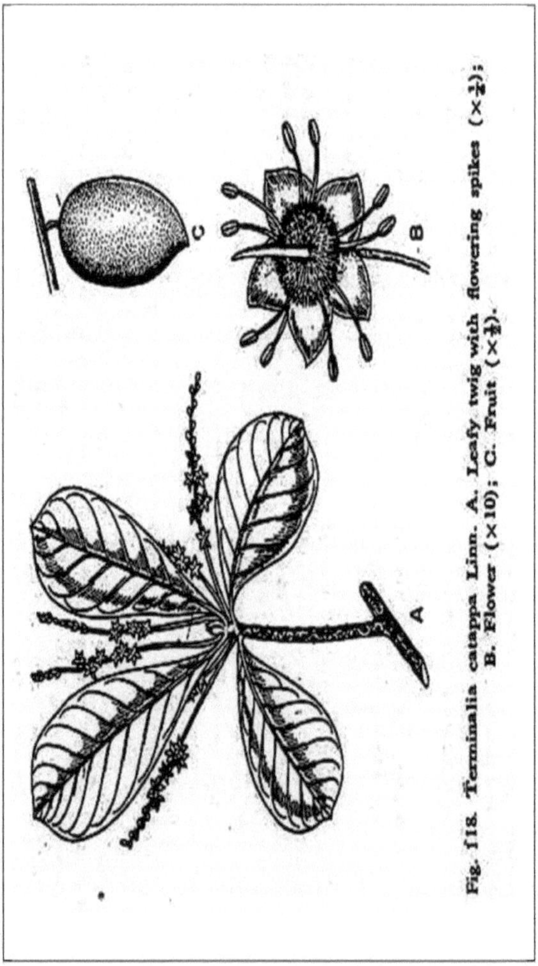

(Fonte: prota4u.org)

Figura 6: Composição química do ácido arjúnico, do ácido arjunólico e da arjugenina

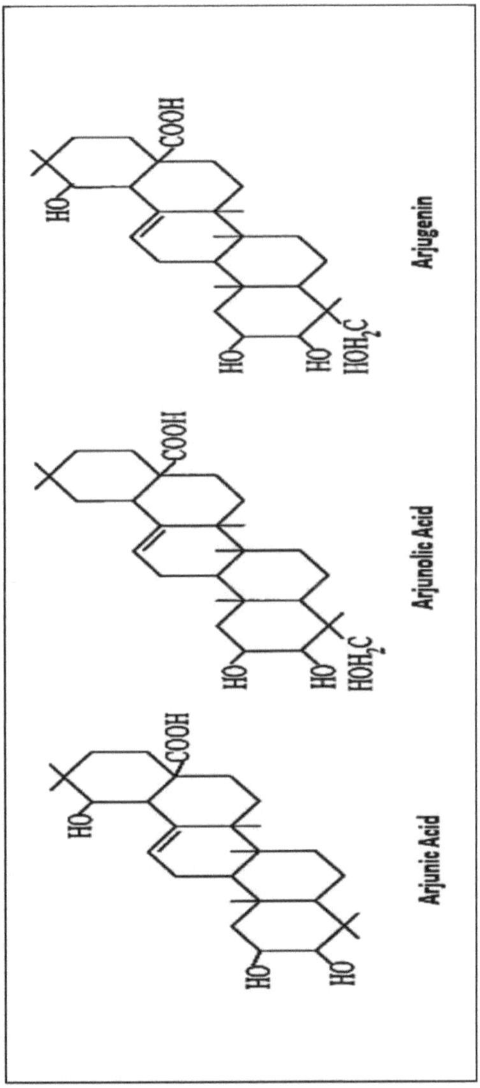

(Fonte: prota4u.org)

4. **NOME BOTÂNICO: *Gymnema Sylvestre* Linn.**

FAMÍLIA : Asclepiadaceae

Gymnema sylvestre, uma planta medicinal bem conhecida e uma planta perene de crescimento lento, lenhosa e trepadora. DISTRIBUIÇÃO

A planta é nativa da Índia central e peninsular, bem distribuída pela Ásia, Austrália, África tropical, Malásia e Srilanka.

PEÇAS UTILIZADAS

Folha seca e raiz seca.

ACÇÕES E UTILIZAÇÕES

Os extractos desta planta são utilizados no tratamento da obesidade, problemas oculares, picadas de cobra, alergias, problemas dentários e no controlo do nível de colesterol. Também é utilizada como purificador do sangue, antibiótico em infecções urinárias e virais, e no reumatismo. Os ácidos gimnémicos têm actividades antidiabéticas, anti-inflamatórias e anti-oxidantes (Evans, 2002; Porchezhian e Dobriyel, 2003; Kokate et al., 2006; Kanetkar et al,

2007). A fração de saponina total das folhas, vulgarmente conhecida como "ácido gimnémico", tem uma atividade anti-adoçante (Suttisri, Lee & Kinghorn, 1995) e demonstrou ser capaz de inibir a absorção de glucose no intestino delgado e de suprimir os níveis elevados de glucose no sangue após a administração de sacarose em ratos (Shi- mizu et al., 1997; Yashioka, 1986). Além disso, foi sugerido que a homeostase da glucose no sangue era conseguida através de um aumento dos níveis de insulina no soro proporcionado por uma reparação ou regeneração dos tecidos pancreáticos (Shanmugasundaram, Gopinath, Shanmugasundaram & Rajendran, 1990). Uma vez que a fração de ácido gimnémico é alegadamente benéfica para o tratamento da diabetes e da obesidade,

O potencial antimicrobiano das fracções de saponina pura de *G. sylvestre* e *E. prostrata* em agentes patogénicos bacterianos e fúngicos seleccionados. Foi relatado que o extrato etanólico das folhas de *G. sylvestre* possui atividade antimicrobiana contra *Bacillus pumilis*, *Bacillus subtilis*, *Pseudomonas aeruginosa* e *Staphylococcus aureus* e inatividade contra *Proteus vulgaris* e

Escherichia coli (Satdive et al., 2003). Foi demonstrado que o extrato metanólico das folhas, cascas e raízes de E. prostrata possui uma atividade antibacteriana e antifúngica significativa (Wiart et al., 2004).

COMPONENTES QUÍMICOS

Os ácidos gimnémicos e as saponinas triterpénicas são os principais constituintes das folhas que inibem a absorção intestinal de glucose e reduzem os níveis de glucose no plasma (Figuras 7 e 8).

Figura 7: Partes da planta de *Gymnema sylvestre* Linn.

(Fonte: prota4u.org)

Figura 8: Estrutura química dos ácidos gimnémicos

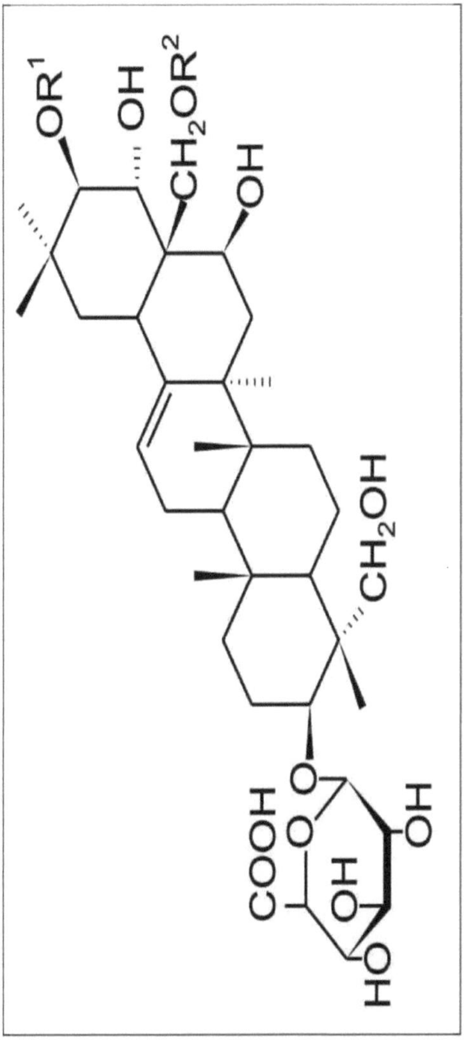

(Fonte: prota4u.org)

5. NOME BOTÂNICO: *Stevia rebaudiana* Linn.

FAMÍLIA : Asteraceae

A Stevia é doce por natureza e nativa do Paraguai, por isso é chamada de "erva doce do Paraguai". Também é conhecida como folha de mel, folha doce, erva doce e folha de doce. *A Stevia rebaudiana* é uma planta de dia curto que cresce até uma altura de 1m. Tem folhas elípticas com 2-3 cm de comprimento e disposição alternada. Tem um caule frágil e um sistema radicular extenso. As flores são de cor branca com uma garganta roxa pálida.

DISTRIBUIÇÃO

É originária das regiões setentrionais da América do Sul. A cultura foi estabelecida pela primeira vez no Japão em 1968. Está a ser cultivada na China continental, em Taiwan, na Tailândia, na Coreia, no Brasil e na Malásia.

PEÇAS UTILIZADAS

Folhas da planta

ACÇÕES E UTILIZAÇÕES

A S. rebaudiana mostra capacidade para manter o nível de glucose no sangue com melhoria da tolerância à glucose em pacientes diabéticos. Por conseguinte, é atractiva como adoçante natural para os diabéticos. *A S. rebaudiana* contém nas suas folhas todos os oito glicosídeos entcaurenos, sendo o esteviosídeo o principal constituinte, ou seja, 3-8% em peso das folhas secas. Os outros constituintes são o esteviolbiosídeo (vestígio), os rebaudiosídeos A (2-4%), B (vestígio), C (1-2%), D (vestígio), E (vestígio) e o dulcosídeo A (0,4-0,7%). Para além das suas propriedades adoçantes, possui valores terapêuticos como anti-hiperglicémico, anticanceroso e actua também como agente anti-hipersensível. Para além disso, esta planta tem também propriedades contraceptivas. Ajuda na prevenção das cáries dentárias. Pode também inibir o crescimento de bactérias e fungos.

Também pode inibir o crescimento bacteriano e fúngico, tem valores terapêuticos como anti-hiperglicémico, anticanceroso e também actua como agente anti-hipersensível.

COMPONENTES QUÍMICOS

A S. rebaudiana contém nas suas folhas todos os oito glicosídeos entcaurenos, sendo o esteviosídeo o principal constituinte, ou seja, 3-8% em peso das folhas secas. As folhas de Stevia contêm glucósidos diterpénicos, nomeadamente esteviosídeo e rebaudiosídeo, com um sabor doce. A atividade antimicrobiana da Stevia e, por conseguinte, a sua potencial utilização como conservante natural foi recentemente estudada por vários investigadores (Debnath, 2008; Ghosh et al., 2008; Jayaraman et al., 2008; Tadhani e Subhash, 2006) (Figura 9 e 10).

Figura 9: Folhas de *Stevia rebaudiana*

(Fonte: prota4u.org)

Figura 10: Composição química do esteviosídeo

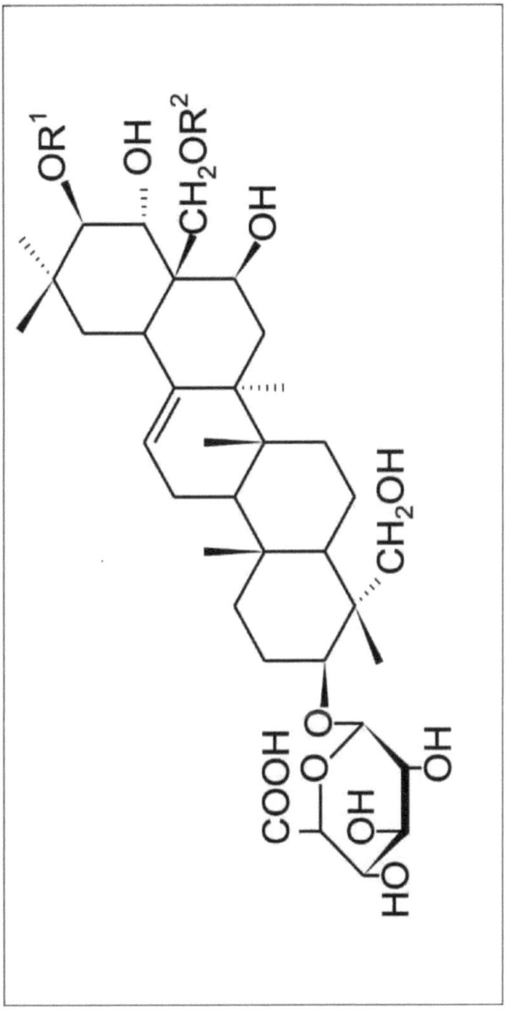

(Fonte: prota4u.org)

6. NOME BOTÂNICO: *Tinospora cordifolia* Linn.

FAMÍLIA : Menispermaceae

Tinospora cordifolia, que é conhecida pelos nomes comuns de Guduchi e

Giloy. A planta é um arbusto trepador glabro que se encontra em toda a Índia, crescendo tipicamente em florestas decíduas e secas. As folhas são em forma de coração. É um arbusto trepador de grande porte, de folha caduca, que se espalha extensivamente, com vários ramos alongados e entrelaçados. Folhas simples, alternas exstipuladas, pecíolos longos até 15 cm de comprimento, arredondadas, pulvinadas.

DISTRIBUIÇÃO

A planta é originária das zonas tropicais da Índia, de Myanmar e do Sri Lanka e distribui-se por toda a região tropical da Índia até 1 200 m acima do nível do mar, de Kumaon a Assam, estendendo-se a norte por Bengala Ocidental, Bihar, Deccan, Konkan, Karnataka e Kerala. É uma planta bastante comum em florestas decíduas e secas, crescendo sobre sebes e pequenas plantas.

PEÇAS UTILIZADAS

Raízes e folhas

ACÇÕES E UTILIZAÇÕES

É considerado como um tónico amargo, adstringente, diurético e afrodisíaco potente e curativo contra infecções cutâneas, iterícia, diabetes, diarreia crónica e disenteria.

COMPONENTES QUÍMICOS

Os constituintes adaptogénicos activos são compostos diterpénicos, polifenólicos e polissacáridos, incluindo o polissacárido arabinogalactano. Para além destes, foram relatados vários outros constituintes, como terpenóides, alcalóides, esteróides e lignanos (Figuras 11 e 12).

SUBSTITUTOS E ADULTERANTES

A T. cordifolia é substituída ou adulterada por outras espécies de tinospora, nomeadamente a T. sinensis (Lour.)merill, a T. malaberica (miers.) e a T. crispa (Linn.).

Figura 11: Partes da planta de *Tinospora cordifolia*

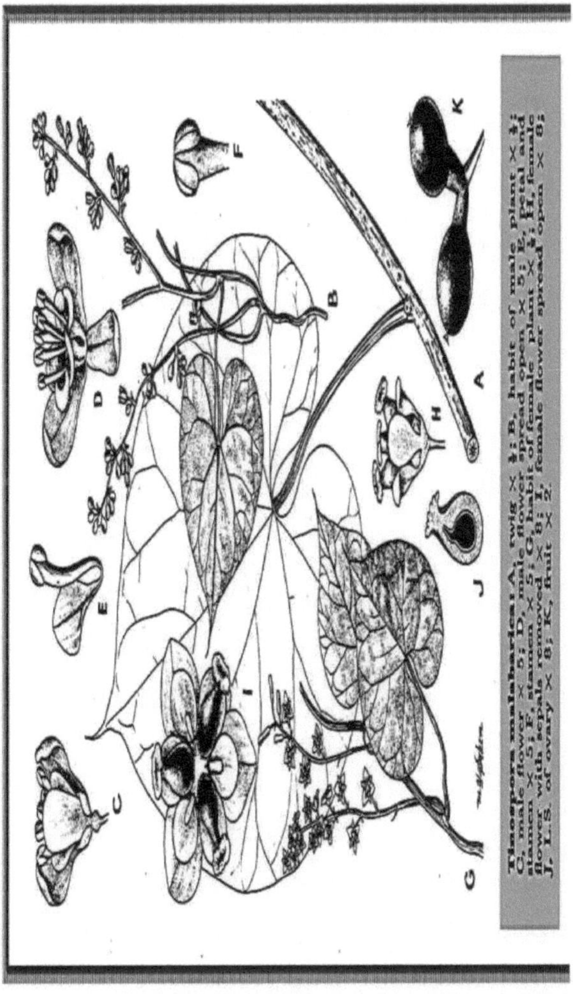

(Fonte: prota4u.org)

Figura 12: Constituinte químico ativo *da Tinospora cordifolia*

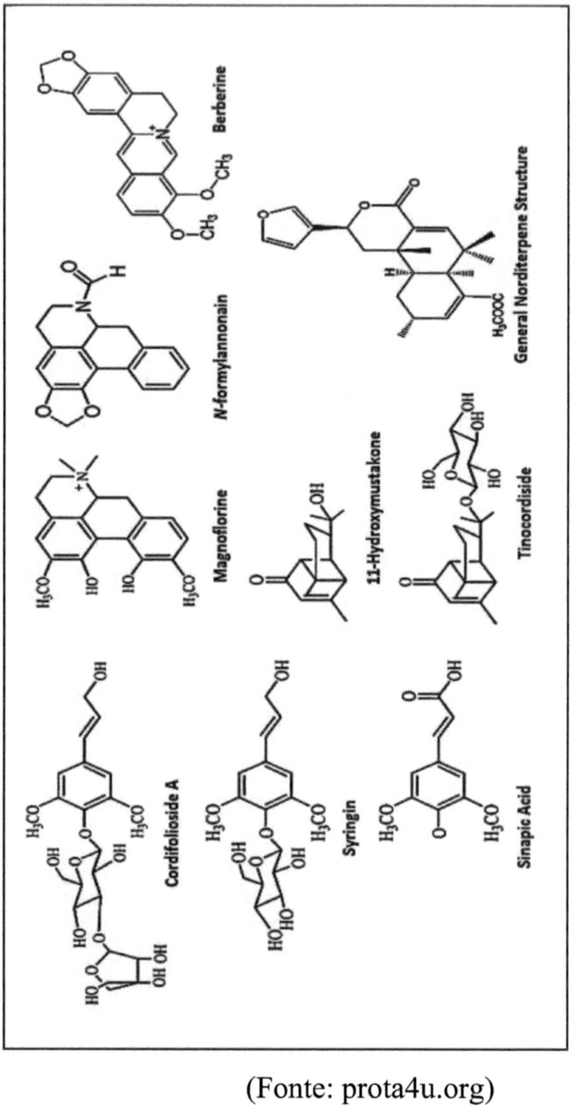

(Fonte: prota4u.org)

7. NOME BOTÂNICO: *Psoralea corylifolia* Linn.

FAMÍLIA : Fabáceas

Psoralea corylifolia Linn. É uma planta anual erecta, com 301-80 cm de altura, presente em quase toda a Índia. Vulgarmente conhecida como babchi, é uma erva anual erecta cultivada em terras secas e áridas, com flores amarelas ou roxas azuladas. DISTRIBUIÇÃO

É conhecida por ser cultivada em certa medida no Rajastão e nos distritos orientais do Punjab, adjacentes ao Uttar Pradesh.

PEÇAS UTILIZADAS

Raízes

ACÇÕES E UTILIZAÇÕES

Os frutos da *P. corylifolia* são constituídos por um pericarpo pegajoso e oleoso, um revestimento duro da semente e uma amêndoa. As sementes são utilizadas na medicina indígena como laxante, afrodisíaco, anti-helmíntico, diurético e diaforético em condições febris. As sementes têm sido especialmente recomendadas no tratamento de leucodermia, lepra, psoríase e doenças inflamatórias da pele. Os extractos de sementes inibem o crescimento de *Staphylococus citreus*, *S. aurues* e *S. albus*, incluindo estirpes resistentes à penicilina. As sementes possuem atividade anti-helmíntica contra vermes terrestres, sendo o psoraleno o princípio ativo. As raízes da planta são úteis no tratamento de cáries dentárias, os frutos são laxantes, afrodisíacos e são utilizados no tratamento de leucodermia, lepra e em doenças inflamatórias da pele e as folhas são boas para o tratamento da diarreia.

COMPONENTES QUÍMICOS

Os compostos bioactivos mais importantes incluem alcalóides, flavonóides, taninos e compostos fenólicos. Assim, os extractos e compostos de plantas poderiam servir como alternativas na terapia anti-infecciosa de doenças causadas por organismos multirresistentes (Figuras 13 e 14).

Figura 13: Partes da planta de *Psoralea corylifolia* Linn

(Fonte: prota4u.org)

Figura 14: Composição química da *Psoralea corylifolia*

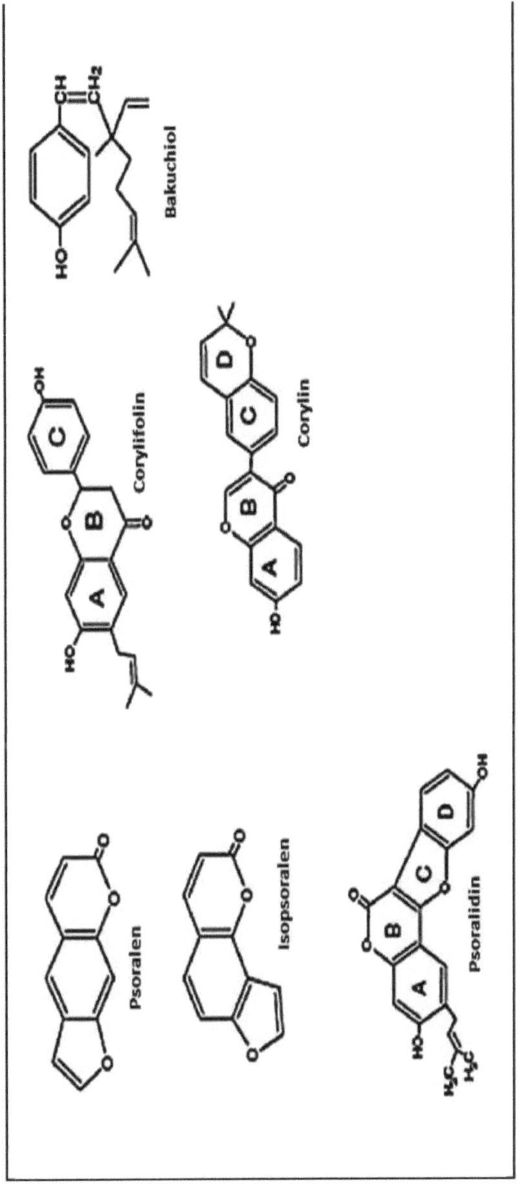

(Fonte: prota4u.org)

CAPÍTULO 3

AGENTES PATOGÉNICOS FÚNGICOS E BACTERIANOS

O homem depende das plantas para quase todas as suas necessidades e exigências. Por conseguinte, a destruição das plantas cultivadas devido à infeção por agentes patogénicos fúngicos sempre foi uma área de grande preocupação. Os cientistas de todo o mundo estão empenhados em encontrar métodos de desenvolvimento de técnicas de controlo das doenças das plantas. O controlo químico é o método mais comum e predominante de controlo de doenças. Os fungicidas sintéticos provocam a inibição dos agentes patogénicos, quer destruindo a sua membrana celular ou a sua permeabilidade, quer inibindo os processos metabólicos dos agentes patogénicos, pelo que são extremamente eficazes. O lado negativo da utilização de fungicidas sintéticos é o facto de serem prejudiciais para a saúde humana e animal, bem como para o solo. Entram na cadeia alimentar e causam vários efeitos deletérios na biosfera, contribuindo para declínios significativos nas populações de organismos benéficos do solo, acidificação e compactação do solo, acumulação de colmo e diminuição da resistência às doenças. A utilização excessivamente zelosa e indiscriminada da maioria dos fungicidas sintéticos criou diferentes tipos de problemas ambientais e toxicológicos. Assim, o pensamento atual sobre a proteção das plantas e do ambiente sugere alternativas aos pesticidas e a utilização de outras estratégias, para além dos métodos bem conhecidos de gestão das doenças, como a rotação de culturas, a utilização de cultivares resistentes, a plantação de sementes isentas de doenças, o controlo biológico, etc., para o controlo das doenças fúngicas. Os produtos vegetais naturais são fontes importantes de novos agroquímicos para o controlo das doenças das plantas. A procura de uma estratégia ambientalmente segura e economicamente viável para o controlo de doenças levou a um aumento da utilização de produtos à base de plantas na agricultura. As preparações de produtos vegetais e os bio-agentes não deixam quaisquer resíduos tóxicos e, por conseguinte, podem substituir eficazmente os fungicidas sintéticos. Existem várias práticas agrícolas tradicionais seguidas pelos agricultores para controlar as doenças das plantas. A formulação é um fungicida barato e seguro para o ambiente, feito através da combinação de agricultura vegetal e requer validação, como a utilização de materiais orgânicos (estrume de vaca, bolos de óleo, etc.) para o controlo de doenças das plantas.

O Arthasastra de Kautilya é provavelmente o documento mais antigo que descreve a utilização de materiais orgânicos para controlar as doenças das culturas.

1. **NOME CIENTÍFICO: *Bipolaris* Linn.**

   FAMÍLIA : Pleosporaceae

Bipolaris é um género de fungos pertencente à família Pleosporaceae. *Bipolaris sorokiniana* (Sacc.) Shoemaker é um fungo ascomicete com uma vasta gama de hospedeiros na família Poaceae. É de grande importância económica como causa de doenças das plântulas, da podridão comum das raízes e da mancha da cevada e do trigo. Micélio: castanho-azeitona profundo em material vegetal. Conidióforos: únicos ou agrupados, simples, septados, erectos, 6-8 x 110-150 µm, Conídios: produzidos terminalmente, castanho-azeitona, elípticos com extremidades afiladas e um hilo proeminente (cicatriz basal). A fase de reprodução sexual é raramente observada na natureza, mas pode ser induzida a formar-se em cultura pura com tipos de acasalamento compatíveis (Figuras 15 e 16).

Figura 15: *Bipolar is sorokiniana*

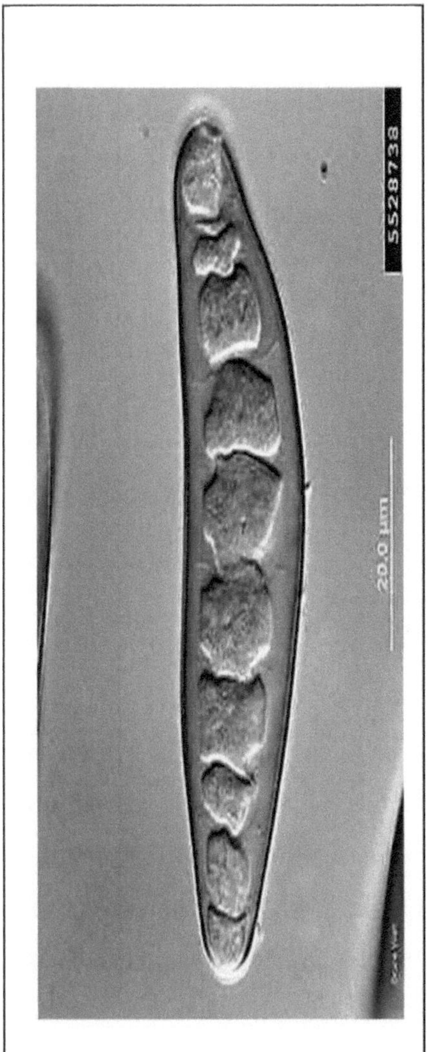

(Fonte: Researchget.net)

Figura 16: Distribuição da *Bipolar is sorokiniana*

(Fonte: Researchget.net)

2. **NOME CIENTÍFICO:** *Curvularia* **Linn.**
FAMÍLIA : Pleosporaceae

A Curvularia é um fungo hifomiceto (bolor) que é um agente patogénico facultativo de muitas espécies de plantas e do solo. A maioria dos *Curvularia* encontra-se em regiões tropicais, embora alguns se encontrem em zonas temperadas. A Curvularia é definida pela espécie-tipo *C. lunata* (Wakker) Boedijn. *A Curvularia lunata* aparece como um crescimento brilhante, aveludado e negro, na superfície da colónia. *C. lunata distingue-se* por hifas septadas, dematiáceas, que produzem conidióforos castanhos e geniculados. Os poroconídios são curvados ligeiramente a distintamente, septados transversalmente, com uma terceira célula expandida a partir da extremidade do poro do conídio. Curvularia pode ser facilmente distinguida de Bipolaris e Drechslera spp. uma vez que o conídeo é não-distoseptado, ou seja, septado de borda a borda da parede conidial. O estado teleomórfico da espécie-tipo *Curvularia lunata* é *Cochliobolus lunatus* (Figura 17).

Figura 17: *Curvularia lunata*

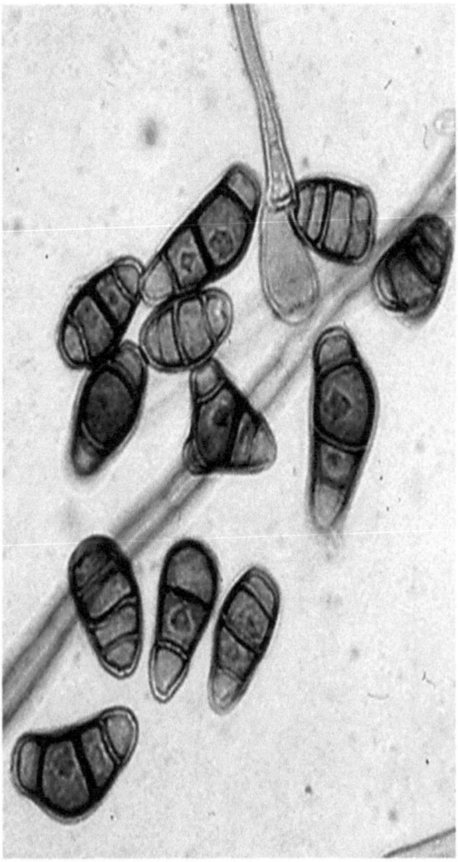

(Fonte: mycology.adelaide.edu.au)

3. **NOME CIENTÍFICO: *Fusarium oxysporum Linn.***

FAMÍLIA : Nectriaceae

As estirpes de *Fusarium oxysporum* são habitantes omnipresentes do solo que têm a capacidade de existir como saprófitas e de degradar a lenhina e os hidratos de carbono complexos associados aos detritos do solo. São também endófitos de plantas omnipresentes que podem colonizar as raízes das plantas e podem mesmo proteger as plantas ou estar na base da supressão de doenças (Figuras 18 e 19).

Figura 18: *Fussarium oxysporum*

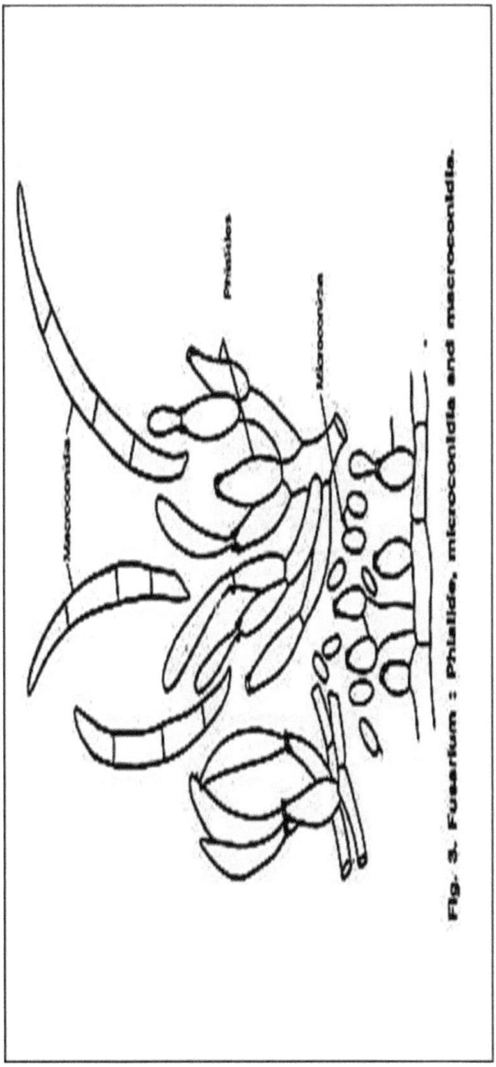

(Fonte: Biology Discussion)

Figura 19: Distribuição de *Fussarium oxysporum*

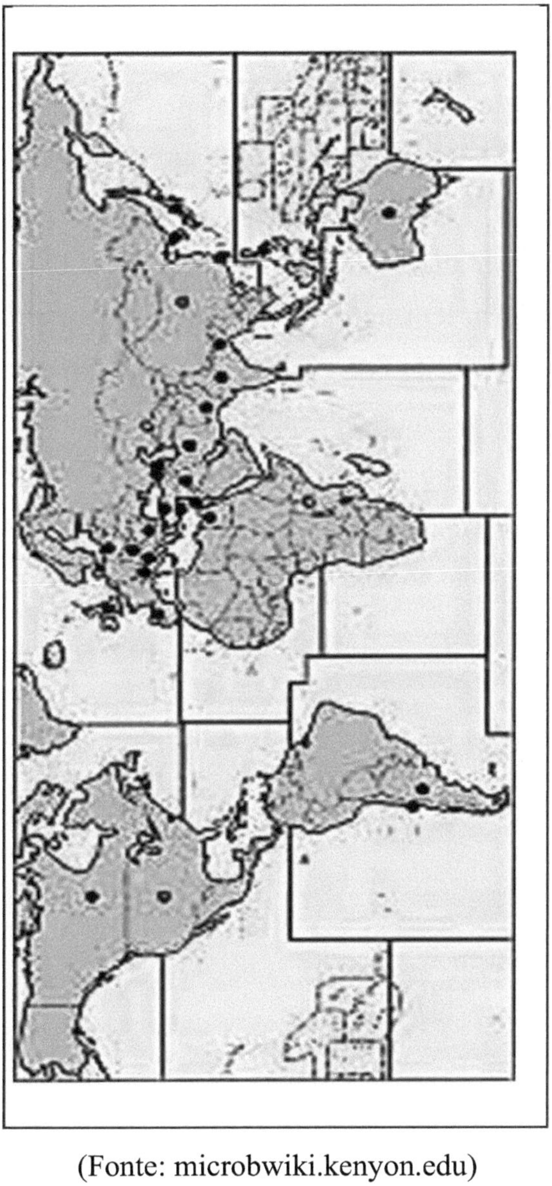

(Fonte: microbwiki.kenyon.edu)

4. NOME CIENTÍFICO: *Rhizoctonia solani Linn.*

FAMÍLIA : Ceratobasidiaceae

Rhizoctonia solani é um fungo fitopatogénico com uma vasta gama de hospedeiros e uma distribuição mundial. Este fitopatógeno foi descoberto há mais de 100 anos. *A Rhizoctonia solani* apresenta-se frequentemente sob a forma de crescimento filiforme nas plantas ou em cultura e é considerada um agente patogénico transmitido pelo solo. *A Rhizoctonia solani* é mais conhecida por causar várias doenças nas plantas, como a podridão do colo, a podridão radicular, o amortecimento e o caule de arame. *A Rhizoctonia solani* ataca o(s) seu(s) hospedeiro(s) quando este(s) se encontra(m) na fase juvenil de desenvolvimento, como as sementes e as plântulas, que se encontram normalmente no solo (Figuras 20 e 21).

Figura 20: *Rhizoctonia solani*

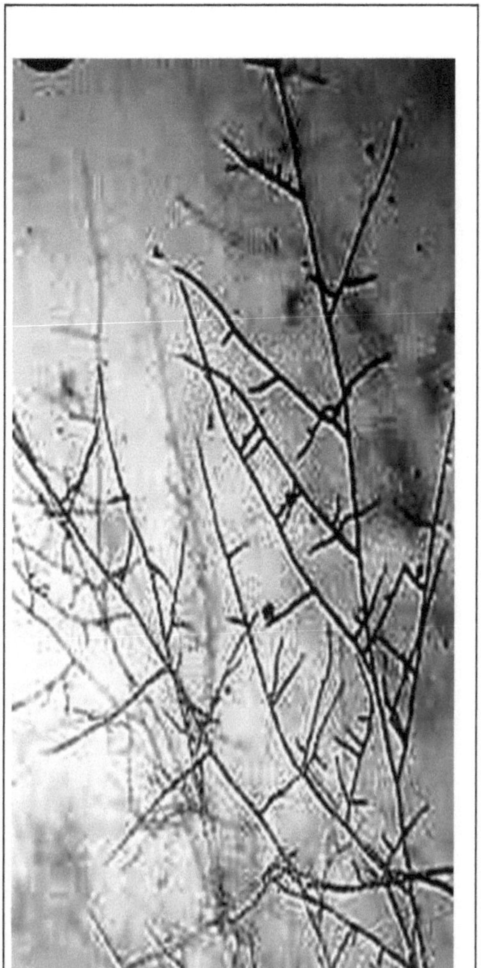

(Fonte: Isuagecntre.com)

Figura 21: Distribuição de *Rhizoctonia solani*

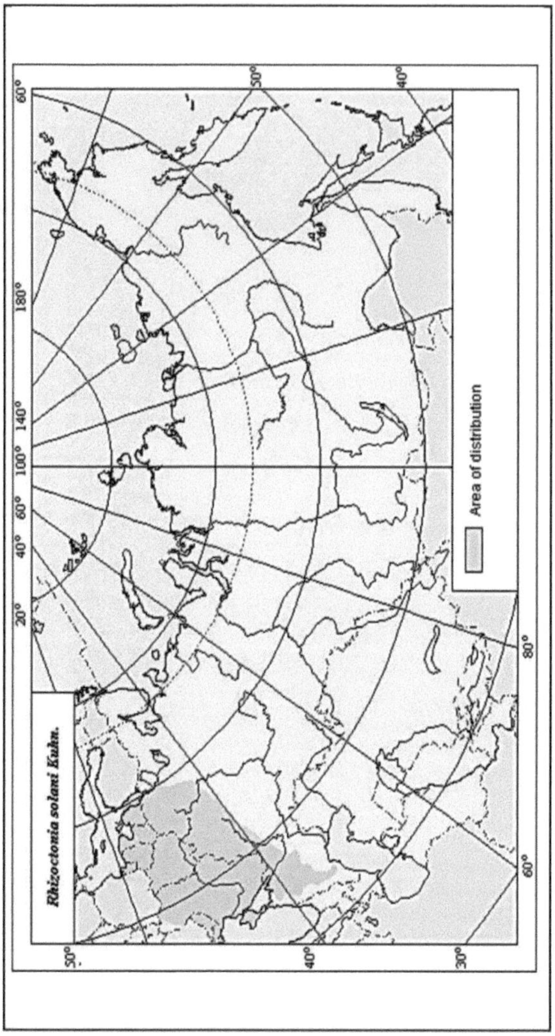

(Fonte: Agroatlas)

5. NOME BOTÂNICO: *Xanthomonas, Linn.*

FAMÍLIA : Xanthomonadaceae

O género *Xanthomonas*, que inclui principalmente bactérias fitopatogénicas, é um membro da família Pseudomonadaceae. Até ao início de 1990, *o género Xanthomonas* era composto por sete espécies, *Xanthomonas albilineans*, *X. axonopodis*, *X. campestris*, *X. fragariae*, *X. oryzae*, *X. populi* e *X. maltophilia*. Além disso, a maioria dos membros de *Xanthomonas* foram classificados como patovares de espécies de *Xanthomonascampestris*.

Assim, *Xanthomonas campestris* continha mais de 140 patovares. As espécies de Xanthomonas podem causar manchas bacterianas e infestações de folhas, caules e frutos numa grande variedade de espécies vegetais: As espécies patogénicas apresentam um elevado grau de especificidade e algumas estão divididas em vários patovares, uma designação de espécie baseada na especificidade do hospedeiro (Figuras 22 e 23).

Figura 22: Xanthomonas

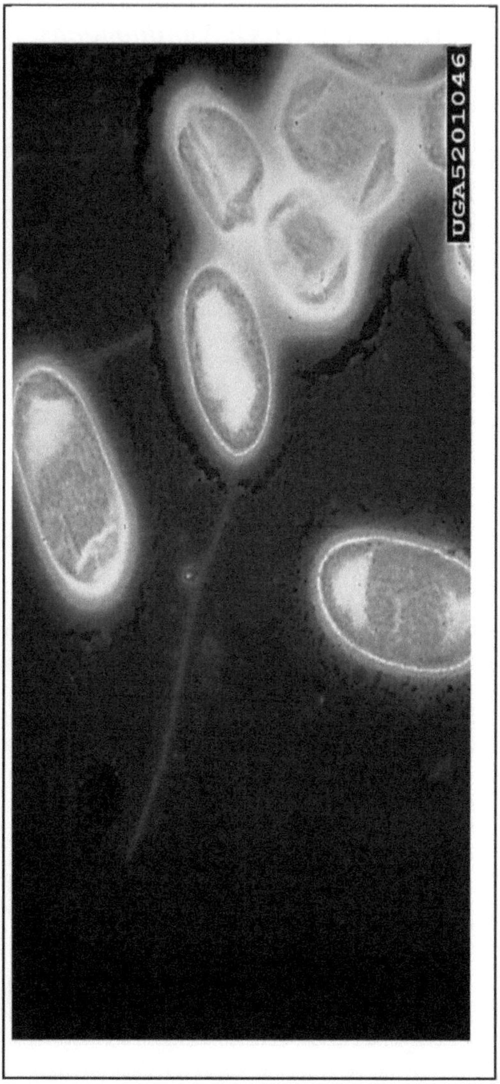

(Fonte: Imagens florestais)

Figura 23: Distribuição de Xanthomonas

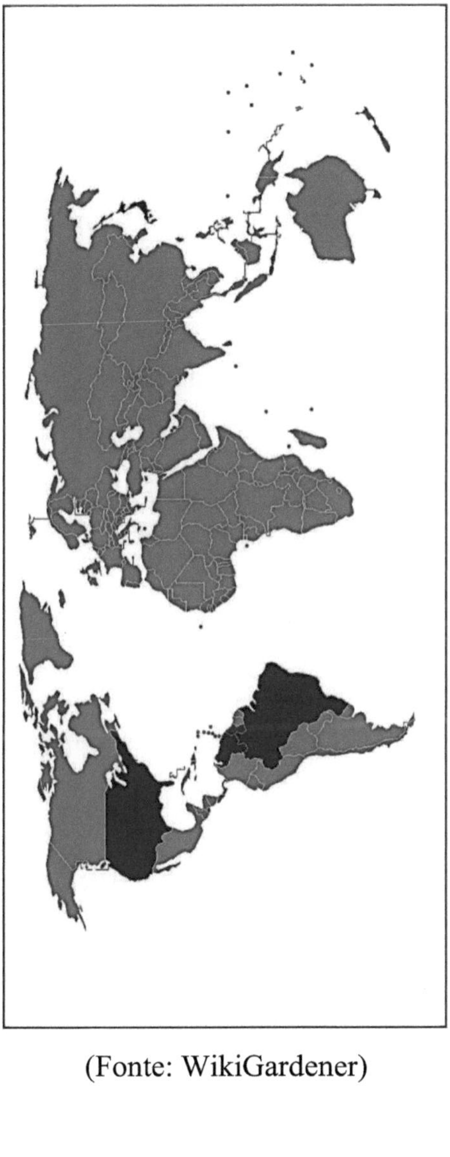

(Fonte: WikiGardener)

CAPÍTULO 4

CRONOLOGIA DOS PRODUTOS FARMACÊUTICOS AYURVÉDICOS

Os tempos mais antigos da farmácia ayurvédica são tão antigos como os tempos passados da humanidade. No desenvolvimento tributário da cultura, desenvolveu-se concomitantemente. A era védica é um marco na história da sociedade indiana (quadro 1). Os medicamentos, as doenças e a sua gestão estão disponíveis na literatura védica, mas de forma esparsa. Mais tarde, durante o período Samhita, a literatura é sistematizada. Foi neste período que se sistematizaram várias aprendizagens indianas. A Ayurveda é uma delas e apresenta-se com oito divisões internas. O fabrico de medicamentos não pode ser obtido separadamente, mas trata da parte da gestão da doença. Além disso, o período de agrupamento começou durante a época medieval e os diferentes temas da Ayurveda, como o material (material medicamentoso), o fabrico de medicamentos (Farmacêutica Ayurvédica), a doença

(diagnóstico ayurvédico) e gestão da doença (tratamento ayurvédico) são apresentados de forma mais elaborada e compilada. O fabrico de medicamentos ayurvédicos é igualmente apresentado em duas divisões internas, denominadas Bhaishajya Kalpana e Rasa Shastra.

Quadro 1: História de acontecimentos importantes na normalização de medicamentos à base de plantas

Year	Important events
1983	The first National Health Policy 1983 claims that India is the richest source of herbs and the drugs should be consistent
1995	A separate Department for Indian Systems of Medicine and Homeopathy (ISM&H) now known as AYUSH 24 (Ayurveda, Yoga, Unani, Siddha, Homoeopathy) was established in March 1995 to promote indigenous systems
1996	World Health Organization has recommended the drug control agency to regulate the quality and safety 17 profiles of herbal products
1999	World Health Organization (WHO) had given a detailed protocol for the

	standardization of herbal drugs comprising of a single content
2002	The Indian Herbal Pharmacopoeia. Mumbai, Indian Drug Manufacturer's Association, 2002
2002	Analytical approaches like Herb print use three-dimensional HPLC and attempt to develop tools for27activity-based standardization of botanicals
2003	Department of Indian Systems of Medicines & Homoeopathy (ISM&H) established in 1995 renamed into the Department of Ayurveda, Yoga & Naturopathy, Unani, Siddha and Homoeopathy (AYUSH)
2003	WHO. Guidelines on good agricultural and collection practices (GACP) for medicinal plants. Geneva, Switzerland: World Health Organization 2003
2004	WHO guidelines for safety monitoring of herbal medicines in pharmacovigilance system

2004	In Canada, the natural health products regulations under the food and drugs Act came into force on 01 January 2004
2005	National policy on traditional medicine and regulation of herbal medicines- Report of a WHO global survey
2006	The manufacture of herbal medicines
2007	WHO guideline for assessing quality of herbal medicines with reference to contaminations and residues. Geneva, Switzerland: World Health Organization; 2007
2007	WHO guideline on good manufacturing practices (GMP) for herbal medicines
2009	AYUSH department in collaboration with quality control of India introduced

	a certification scheme for AYUSH drug products
2009	USP. United State Pharmacopeia 32/National formulary 27. Rockville, MD: The United States Pharmacopeia Convention, 2009
2011	An EU directive passed in 2004 erects "disproportionate" barriers against herbal remedies by requiring them to be "licensed" before they can be sold. It's called the traditional herbal medicinal products directive (THMPD), Directive 2004/24/EC
2011	Draft guideline for Industry: Dietary Supplements: New Dietary Ingredient notifications and related issue. The document was published in the federal register on Tuesday, July 5, 2011

(Fonte: Pant et al. 2010)

FABRICO DE MEDICAMENTOS NA ANTIGUIDADE

A transformação do material vegetal é mais fácil, pelo que os seus produtos se tornaram recorrentes no período primordial. O sumo, a praga, o pó, a decocção e as infusões quentes e frias são os produtos vegetais mais importantes. Produzir, triturar, moer, ferver, cortar/filtrar, etc. são as medidas e técnicas envolvidas. Além disso, para impulsionar o planeamento secundário, muitas outras novas técnicas evoluíram e foram desenvolvidas confeções, óleo e ghee mediados, leite medicado, kshara, masi, pílula, preparação fermentada, etc. As utilizações limitadas do mineral na terapêutica começaram durante o período Samhita. No início, era utilizado sob a forma de pó fino. Os processos aplicados eram o aquecimento, a têmpera em vários líquidos, a trituração e a filtragem para obter um pó fino. Durante o período medieval, o processamento de minerais tornou-se mais avançado. Processos especializados como samskara de Parada, Shodhana e Marana (purificação e calcinação) de minerais e metais, processos Kupipaka evoluíram e preparações minerais do tipo bhasama, sindura, parpati pottali foram desenvolvidas (Kumar P 2011) (Figura 24)·

Figura 24: Antiga prática ayurvédica

(Fonte: theconversation.com)

CONTROLO DE QUALIDADE E JURAMENTO DE QUALIDADE DAS FORMULAÇÕES AYURVÉDICAS

Nas últimas décadas, registou-se um crescimento exponencial no domínio dos remédios à base de plantas e uma procura global crescente de medicamentos ayurvédicos e das suas formulações para satisfazer a procura de cuidados de saúde da comunidade mundial. A Índia é um vasto repositório de plantas medicinais que são utilizadas no tratamento tradicional e na medicina alternativa para os cuidados de saúde. De acordo com a OMS, 70% da população indiana utiliza extensivamente a medicina tradicional e alternativa para os cuidados de saúde? A assembleia da OMS, em várias resoluções, sublinhou a necessidade de assegurar o controlo da qualidade dos produtos à base de plantas medicinais através da utilização de técnicas modernas e da aplicação de normas adequadas. Para os tratamentos tradicionais, será necessário um novo princípio orientador para a normalização do fabrico, o controlo da qualidade, a garantia da qualidade e uma investigação cientificamente vigorosa. A análise e o controlo da qualidade dos medicamentos à base de plantas estão a evoluir no sentido de uma direção integradora e abrangente, a fim de melhor abordar a natureza inerente dos medicamentos à base de plantas. A qualidade do medicamento é a soma de todos os factores que contribuem, direta ou indiretamente, para a segurança, a eficácia e a aceitabilidade do produto. A normalização dos medicamentos significa a confirmação da sua identidade e a determinação da sua qualidade e pureza. O controlo e a garantia da qualidade são fundamentais para a eficácia e a segurança da formulação ayurvédica e empregam todas as técnicas convencionais e avançadas para garantir a elevada qualidade dos produtos. Trata-se de métodos e procedimentos rigorosos para identificar, analisar e testar o medicamento. O controlo rigoroso da qualidade do produto é possível graças ao recurso a máquinas de última geração e ao mais recente processo de produção. Todas estas instalações utilizadas na operação de controlo da qualidade garantem um ambiente de fabrico higiénico (Kumar P., 2011)·

MEDICINA TRADICIONAL E BIODIVERSIDADE

A ligação entre a medicina tradicional e a biodiversidade é exemplificada por uma longa convicção de poderes curativos correlacionados com o sistema terrestre, quer se trate de plantas medicinais, espécies animais e minerais, do ar higiénico ambiente, da água de nascente ou da paisagem natural. A farmacopeia da medicina popular, bem como os sistemas médicos especializados, como o chinês, o ayurvédico, o siddha e a biomedicina, contêm milhares de medicamentos feitos a partir de folhas, ervas, raízes, cascas, animais, substâncias minerais e outros materiais encontrados na natureza· As interligações entre a medicina tradicional e o ambiente biótico podem ser vistas nos benefícios para a saúde derivados da continuação de um conjunto completo de espécies, bacias hidrográficas intactas, orientação climática e diversidade genética, bem como através das nossas necessidades mais profundas de alimentos, água, ar puro, abrigo e relativa constância climática [Millennium Ecosystem Assessment]. As inter-relações entre a sociedade e a natureza e a importância da saúde ambiental para a saúde humana tornaram-se recentemente amplamente reconhecidas. No entanto, a caraterística dos medicamentos tradicionais indianos é o seu efeito multi-alvo e multicanal devido às suas propriedades variadas, também multifacetadas nos constituintes químicos. Se apenas alguns constituintes forem enfatizados, a natureza holística será abandonada, o que precisa de ser deliberada e sistematicamente implícito. Com a necessidade crescente de medicamentos mais seguros, tem-se dado atenção à qualidade, eficácia e princípios das formulações da medicina tradicional indiana. Cada sistema tradicional de medicina tem o seu próprio método de normalização para garantir a excelência. No caso da medicina ayurvédica, o método de avaliação tem de ser tomado em consideração para a normalização, desde o material básico não transformado até ao produto final, de acordo com os clássicos ayurvédicos. A biodiversidade é um recurso importante das nações menos desenvolvidas dos trópicos. É uma mina de ouro química e genética ainda inexplorada, e uma fonte de inúmeros produtos capazes de contribuir para a riqueza das nações (Kumar P. 2011; Kumar e Dwivedi, 2012)· A Índia é um país megadiverso que abriga 45.000 espécies de plantas, das quais 17.000 são plantas superiores. Cerca de 30% dos ingredientes activos utilizados na medicina moderna atual são derivados ou relacionados com plantas, para muitas das quais já foram estabelecidos protocolos de micropropagação destinados à multiplicação em grande escala (Quadro 2).

Quadro 2: Exemplos de micropropagação de algumas plantas medicinais anti-diabéticas

Plant	Cultured explants	Medium	Response	References
Stevia rebaudiana [Asteraceae]	Nodal segments	½MS + BAP (0.2) + KN (0.2 mg/l)	Multiple shoots	(Dwivedi and Kumar 2011)
Gymnema sylvestre (Retz.) R.Br. ex Roemer [Asclepiadaceae]	Matured decoated Seed explants	MS(1/2) +NAA(8µM) +citric acid(10mg/l) +casein hydrolysate (100 mg/l) +BAP(22.2µM)	Multiple shoots	(Dwivedi and Kumar 2012)

		+ Ad(35.7µM) +GA_3(2.9µM)		
	Nodal explants	½MS+ BAP(22.0µM)+ KN(3mg/l)	Multiple Shoots	(Faheem et al., 2011)
Aegle marmelos [Rutaceae]	Cotyledon explants	½MS +BA(2.2µM) +2,4-D(2.26µM)	Callus induction	(Grout and Vanderroest 2006)
Tinospora cordifolia [Menispermaceae]	Mature nodes	½MS +WPM +BA(8.87µM) +	Shoot elongation	(Goel et al., 2007)

		KN(4.65 µM)		
Allium cepa [Amaryllidaceae]	Bulbs explants	½MS +BAP(1-4 mg/l) +NAA(0.12-0.5 mg/l)	Multiple shooting	(Hazeena a nd Sulekha 2008)
Allium sativum [Alliaceae]	Apical and Non apical root segments.	½MS+ Sucrose(30g/l) + KN(4.6µM) + 0.4 % (w/v) Phytagel.	Multiple shooting	(Hussey 1978)

Pterocarpus marsupium [Fabaceae]	Nodal explants	½MS + BA(5µM) +IAA(0.25µM)	Multiple shooting	(Islam et al. 2005)
Moringa oleifera L. [Moringaceae]	Nodal explants	½MS +NAA(0.05mg/l) +IBA(2.0 mg/l)+ IAA(0.05 mg/l)	Multiple shooting	(Komalvalli 2007)
Swertia chirayita [Gentianaceae]	Nodal explants	½MS + BAP(4.44µM) +IAA(2.85µM)+ Ads (271.45 µM)	Multiple Shooting	(Kawale and Choudhary 2009)

Momordica charantia [Cucurbitaceae]	Nodal, shoot tip, Petiole and leaf explants	½MS +BAP(1.0mg/l) +NAA(0.1 mg/l) + Sucrose (30g/l)(w/v)	Multiple shooting	(Arora et al. 2011)
Ficus benghalensis [Moraceae]	Nodal, shot tip, Petiole and leaf explants	½MS +BA(0.5 mg/l) +KN(1.0 mg/l)+ NAA(0.1)	Multiple shoot formation, Elongation of shoots, Development of roots.	(Daniel et al., 2010)

Vinca rosa [Apocynaceae]	Nodal explants	½MS+ BAP(0.5mg/l) +NAA(1.0mg/l) +IBA(0.10mg/l)	Multiple shooting	(Nirmal babu 1992)
Terminalia bellirica [Combetaceae]	Nodal explants	½MS +BA(4.4,8.9,13.3, 17.8,22.2μM) +KN(4.6,9.3,14.0,18.6, 23.2μM)	Multiple shooting	(Pant 2010)
Brassica napus [Brassicaceae]	Cotyledon and Hypocotyls Explants	½MS +2,4-D(0.5mg/l) +BA(4.0mg/l)	Multiple shooting	(Raghu 2006)

Murrya koeingii [Rutaceae]	Immature seeds	½MS +BAP(2.5mg/l) +GA_3(0.04mg/l)	Multiple shooting	(Ramesh et al. 2005)
Azadirecta indica [Meliaceae]	Root segments	½MS +BAP(8.88µM) +2iP(9.84µM) +IAA(5.71µM) +AH(81.4µM) +Putrescine(2.27µM)	Multiple Shooting	(Rani et al. 2010)
Zingiber officinate [Zingiberaceae]	Immature inflorescence	½MS + BA (10mg/l) + 2,4-D (0.2mg/l)	Multiple shooting	(Sharma and Ram 2009)

Dendrocalmus hamittonn [Poaceae]	Seeds	½MS + GA3(0.05mg/l) + IAA(5.71mg/l)	Spikelets with flowers.	(Singh 2009)
Cinnamomum tomala [Lauraceae]	3 year old seedlings, Nodal segments, Shoot tip, Shoot with intermodal segments, Leaf	WPM+ BA(2.5µM) +IBA(5µM)+ KN(2µM)	Multiple shooting	(Singh and Dwivedi 2010)

	explants.			
Trichosanthes cucumerina [Cucurbitaceae]	8 days old cotyledon node without cotyledon explants.	White's media + KN(0.1 mg/l) +BAP(2mg/l)	Multiple shooting	(Sharma and Ram 2009)
Ocimum sanctum [Lamiaceae]	Axillary explants, nodal explants.	½MS+BAP(0.5 mg/l) +IAA(0.5 mg/l)	Highest shoot regeneration	(WHO 2004)

Abreviaturas: MS- Murashige e Skoog; NAA- ácido α-naftalenoacético; GA_3 . ácido giberélico; KN- cinetina; BAP- 6-benziladenina purina; TDZ: thidiazuron; WPM- Woody Plant Medium; IBA- ácido indole-3-butírico; 2,4-D- ácido 2,4 diclorofenoxiacético; AH: hemisulfato de adenina; 2iP- 2-isopentenil adenina

PARÂMETROS PARA O CONTROLO DA QUALIDADE DE DROGAS VEGETAIS

Determinação de metais pesados

A garantia da qualidade das formulações à base de plantas é a principal preocupação da investigação fitomedicinal atual devido ao aumento dos relatórios de toxicidade. Uma das principais razões da toxicidade das formulações à base de plantas é a contaminação de metais pesados no extrato de plantas. A contaminação por metais pesados pode ser acidental ou intencional. A contaminação por metais pesados pode ser atribuída a muitas causas, incluindo a poluição ambiental, e pode representar perigos clinicamente relevantes para a saúde do utilizador, pelo que deve ser limitada. A ingestão potencial de metais pesados pode ser estimada com base no nível da sua presença no produto e na dosagem recomendada ou estimada do produto. Este possível contacto pode então ser colocado num ponto de vista toxicológico através da avaliação com os chamados valores provisórios de ingestão semanal tolerável (PTWI) para metais tóxicos, que foram estabelecidos pela Organização para a Alimentação e a Agricultura da Organização Mundial de Saúde. Uma determinação simples e direta de metais pesados pode ser encontrada em muitas farmacopeias e baseia-se em reacções de cor. A análise instrumental tem de ser empregue depois de os metais estarem presentes em quantidades vestigiais. Geralmente, o principal instrumento utilizado é um espetrofotómetro de absorção atómica (AAS). Para medir o teor de Pb, Cr, Ni, Fe, Cu, Zn e Cd em plantas medicinais, são necessários parâmetros instrumentais adequados, que são enumerados a seguir (Quadro 3).

Quadro 3: Parâmetros instrumentais para a determinação de metais pesados

Instrumental parameters	Unit	Cd	Cu	Fe	Ni	Pb	Zn
Wavelength	Nm	228.8	324.8	248.3	232	283.5	213.9
Silt width	Nm	0.5	0.5	0.2	0.2	0.5	0.5
Hollow-cathode lamp current	mA	6	7	5	10	5	7
Ignition temperature	°C	800	800	800	800	800	800
Atomization temperature	°C	1800	2300	2300	2500	2200	2000
Background corrector		On	On	On	on	On	On
Nitrogen flow	Litre/min	3	3	3	3	3	3

(Fonte: OMS 1998)

O controlo de qualidade é um instrumento importante na produção de produtos à base de plantas de elevada qualidade, enquanto a falta de controlo pode resultar em produtos de qualidade inferior que podem provocar problemas de saúde nos consumidores. Se considerarmos o metal pesado arsénio, verifica-se que o arsénio é abundante na natureza e a sua presença em medicamentos à base de plantas não deve ser diferente da sua ampla ocorrência nos alimentos. Para a determinação do teor destes metais pesados em plantas aromáticas e à base de plantas, são necessários parâmetros instrumentais, em especial para o arsénio e o mercúrio, que são enumerados a seguir (quadro 4).

Quadro 4: Parâmetros instrumentais para a determinação do arsénio e do mercúrio

Instrumental parameters	**Unit**	**As**	**Hg**
Wavelength	Nm	193.7	253.7
Silt width	Nm	0.2	0.5
Hollow-cathode lamp current	mA	10	4
Acid reagent flow rate	ml/min	1.0	1.0
Reducing the reagent flow rate	ml/min	1.0	1.0
Sample solution flow rate	ml/min	7.0	7.0
Absorption cell		Quartz (heated)	Quartz (heated)
background corrector		On	On
Nitrogen flow rate	litre/min	0.1	0.1
Heating		800°C	100°C

(OMS 1998)

A perspetiva de ingestão do metal tóxico pode ser estimada com base no nível da sua presença no produto e na dosagem recomendada ou estimada do produto. Esta exposição potencial pode então ser colocada numa perspetiva toxicológica por comparação com os Valores Semanais Toleráveis Provisórios (PTWI) para o metal tóxico, que foram estabelecidos pela Organização das Nações Unidas para a Alimentação e a Agricultura (OMS 2003)·

Determinação da contaminação microbiana e das aflatoxinas

As plantas medicinais podem estar associadas a uma vasta gama de contaminantes microbianos, representados por bactérias, fungos e vírus. Este contexto microbiológico depende de numerosos factores ambientais e exerce uma influência significativa na qualidade global dos produtos e preparações à base de plantas.

As ervas são formadas em duas condutas principais, principalmente (1) Cultivo de ervas que são cultivadas utilizando técnicas agrícolas comercializáveis e (2) Recolha de plantas silvestres dos seus habitats aceites na natureza. Ao contrário dos produtos farmacêuticos previsíveis, que são normalmente preparados a partir de materiais artificiais através da aplicação de técnicas e procedimentos modernos reprodutíveis, os medicamentos à base de plantas são preparados a partir de material de origem vegetal que pode ser sujeito a infecciosidade e enfraquecimento e pode variar em termos de composição e propriedades. A avaliação da ameaça da carga microbiana das plantas microbianas tornou-se, por conseguinte, um assunto imperativo na criação de esquemas modernos de Análise de Perigos e Pontos Críticos de Controlo (HACCP). Além disso, as drogas vegetais em geral transportam uma série de bactérias e bolores, muitas vezes originários do solo. Métodos inadequados de colheita, limpeza, secagem, manuseamento e armazenamento também podem causar maior infecciosidade, como pode ser o caso da *Escherichia coli* ou da *Salmonella* spp. Embora uma grande variedade de bactérias e fungos provenha de uma microflora não surpreendente, predominam frequentemente as bactérias aeróbias formadoras de esporos. Os procedimentos laboratoriais que investigam as contaminações microbianas estão estabelecidos nas farmacopeias bem conhecidas, bem como nas directrizes da OMS[26]. . Em geral, um procedimento completo consiste numa contagem microbiana aeróbia total, na contagem fúngica total e na contagem total de Enterobacteriaceae, juntamente com testes para a presença de *Escherichia coli*, *Staphylococcus aureus*, *Shigella*, *Pseudomonas aeruginosa* e *Salonella* spp. O nível de contaminação permitido pode também depender do método de processamento do medicamento. Por exemplo, são permitidos níveis de contaminação mais elevados se a preparação final à base de plantas envolver a fervura com água. A companhia de fungos deve ser cuidadosamente investigada e/ou monitorizada, uma vez que algumas espécies comuns produzem toxinas, em particular aflatoxinas. As aflatoxinas presentes em medicamentos à base de plantas podem ser perigosas para a saúde, mesmo que sejam absorvidas em quantidades mínimas. Os fungos produtores de aflatoxinas acumulam-se de tempos a tempos durante o espaço de armazenamento. Para evitar alterações causadas por organismos microbianos e para reduzir a contaminação em geral, é obrigatório um elevado nível de saneamento e higiene durante a maquilhagem, conforme descrito abaixo:

[A] O abastecimento de água à unidade de fabrico deve ser monitorizado e, se necessário, tratado adequadamente para garantir a consistência da qualidade

[B] Deve ter-se o cuidado de escolher métodos de limpeza adequados em função das características das matérias-primas à base de plantas

[C] Os resíduos da unidade de fabrico devem ser eliminados por rotina da forma mais adequada, de modo a manter um elevado grau de higiene na área de fabrico.

[D] Regra geral, não é adequado lavar com água as matérias-primas secas à base de plantas. Quando a sua limpeza é necessária, deve utilizar-se um espanador/chuveiro de ar.

As pessoas encarregadas do manuseamento de materiais à base de plantas, preparações à base de plantas e produtos acabados à base de plantas devem ter um elevado grau de higiene pessoal: [A] Deve ser-lhes exigido que não tenham doenças infecciosas nem doenças de pele

[B] Devem ter recebido formação adequada no que respeita ao controlo da higiene

[C] Devem ser disponibilizados PONs (Procedimentos Operacionais Normalizados) claros e ilustrativos que enumerem os requisitos higiénicos básicos

[D] Devem estar vestidos com roupas adequadas e apropriadas, tais como, gorros, máscaras, luvas, fatos de trabalho e sapatos durante todo o processo, desde a transformação da planta até ao fabrico do produto

[E] O indivíduo deve ser protegido do contacto com materiais vegetais irritantes e potencialmente alergénicos por meio de vestuário de proteção adequado

O teste microbiano deve ser aplicado a materiais vegetais à base de plantas, produtos intermédios e produtos acabados, sempre que necessário. As Enterobactérias e algumas outras bactérias Gramnegativas *Escherichia coli*, *Salmonella* e *Staphylococcus aureus* são incluídas como estirpes alvo do teste. As condições dos testes de contaminação microbiana são concebidas de modo a minimizar a contaminação acidental dos materiais a examinar e as precauções tomadas não devem afetar negativamente quaisquer microrganismos. A determinação de *Enterobacteriaceae* e de algumas outras bactérias Gram-negativas nos produtos à base de plantas pode ser consultada no Quadro 5.

Quadro 5: Determinação de *Enterobacteriaceae* e algumas outras bactérias Gram-negativas

Result for each quantity or volume			Probable number of bacteria per g of materials
1.0 g or 1.0 ml	0.1 g or 0.1 ml	0.01g or 0.01 ml	
+	+	+	More than 10^2
+	+		Less than10^2 but more than 10
		-	
+	-	-	Less than 10 but more than 1
-	-	-	Less than 1

(OMS 2003)

Por definição, a validação é o procedimento de provar que um método lógico é satisfatório a favor do seu objetivo planeado de métodos farmacêuticos. A validação da colheita de ervas é uma apreensão fundamental para a saúde pública, tanto em países urbanizados como em países com poucos recursos. Em geral, as investigações de validação devem incluir estudos de especificidade, linearidade, exatidão, precisão, intervalo, deteção e limites quantitativos, consoante o método analítico utilizado seja qualitativo ou quantitativo. A legalização dos testes para a deteção de microrganismos específicos na amostra de plantas medicinais é apresentada abaixo (Quadro 6).

Tabela 6: Legalização de testes para a deteção de microrganismos específicos em amostras de plantas medicinais

Microorganism	Strain number	Medium
Escherichia coli	e.g. NCIMB 8545 [ATCC 8739, CIP 53.126, IFO 3972]	Lactose broth
Pseudomonas aeruginosa	e.g. NCIMB 8626 [ATCC 9027, CIP 82.118]	Soybean-casein digest medium
Salmonella typhimurium	No strain number is recommended. Species not pathogenic for humans such	Lactose broth

	as *Salmonella abony* [NCTC 6017, CIP 80.39], may be used	
Clostridium botulinum	e.g. ATCC 19297 (NCTC 7272)	Cooked-meat medium
Clostridium perfringens	e.g. ATCC 13124 (NCTC 8239)	Cooked-meat medium
Clostridium tetani	e.g. ATCCe 19406 (NCTC 279)	Cooked –meat medium

Staphylococcus aureus	e.g. NCIMB 8625 [ATCC 6538 P, CIP 53.156) or NCIMB 9518 (ATCC 6538, CIP 4.83, IFO 13276)	Soybean-casein digest medium

(OMS 2003)

Assim, é indispensável reconhecer directrizes documentadas a nível mundial para avaliar a sua qualidade. As ervas medicinais tornaram-se muito apreciadas ao longo dos anos, mas o público em geral, os médicos e os meios de comunicação social ainda não estão bem informados sobre a utilização segura e bem sucedida da fitoterapia. A necessidade de consistência das plantas medicinais é atualmente muito essencial, dado o reconhecimento internacional dos produtos à base de plantas como remédios para uma variedade de doenças e afecções.

Determinação de resíduos de pesticidas

As drogas vegetais são susceptíveis de conter resíduos de pesticidas que se acumulam a partir de práticas agrícolas como a pulverização, o tratamento dos solos durante o cultivo e a administração de fumigantes durante o espaço de carga. Por outro lado, pode ser desejável testar os medicamentos à base de plantas para grandes grupos em geral, em vez de para pesticidas individuais. Muitos pesticidas contêm cloro na molécula, que, por exemplo, pode ser medido através da análise do cloro orgânico total. De modo análogo, os insecticidas que contêm fosfato podem ser detectados através da medição do fósforo orgânico total. As amostras de plantas medicinais são extraídas de acordo com o procedimento habitual, as impurezas são removidas por partição e/ou adsorção e os pesticidas individuais são medidos por GC, MS. *A Aconitum heterophyllum* Wall (Ranunculaceae) está disseminada principalmente nos Himalaias ocidentais e é utilizada convencionalmente na medicina ayurvédica para a cura da histeria, infeção da garganta, dispepsia, dores abdominais, diabetes e como tónico nervoso. Farmacologicamente, sabe-se que as plantas possuem actividades antipirética, analgésica, antidiarreica, anti-inflamatória, antifúngica, antibacteriana e antiviral. O pesticida clorado foi encontrado a 0,3091% (w/w), enquanto os pesticidas fosfatados foram relatados a

0,0156% (w/w) e foram encontrados dentro do limite padrão (Ziv e Naor 2006) (Tabela 7).

Quadro 7: Resíduos de pesticidas em medicamentos à base de plantas

Group	Sub-group	Specific examples	Possible source	Stage of detection
Pesticides	Insecticides	Carbamate, Chlorinated hydrocarbons, Organophosphorous	Air, soil, water, during cultivation/growth, post -harvest processing	a, b, c, d
	Herbicides	2,4-D, 2,4,5-T	Air, soil, water, during cultivation/growth, post- harvest processing	a, b, c, d
	Fungicides	Dithiocarbamate	Air, soil, water,	a, b, c, d

			during cultivation/growth, post- harvest processing	
Fumigants	Chemical agents	Ethylene oxide, phosphine, methyl bromide, sulfur dioxide	Post-harvest processing	b, c, d
Disease control agents	Antiviral agents	Thiamethoxam	During cultivation	a, b, c, d

(OMS 2003) [em que, a= Plantas medicinais; b= Materiais à base de plantas; c= Preparações à base de plantas; d= Produtos acabados à base de plantas]

A cromatografia (basicamente em coluna e em fase gasosa) é sugerida como técnica padrão para a determinação de resíduos de pesticidas. Estes métodos podem ser combinados com a espetrometria de massa (MS). Em geral, a tática deve ser personalizada para o tipo de material herbáceo a ser testado e podem ser necessárias alterações para diferentes amostras, incluindo sementes, folhas, óleos, extractos, produtos acabados e para amostras que contenham quantidades diversas de humidade. Além disso, o espetro de pesticidas a testar depende dos pesticidas específicos utilizados no material vegetal e do historial de utilização de pesticidas persistentes na região. É, portanto, vantajoso testar materiais vegetais de história não identificada para grandes grupos de compostos e não para pesticidas individuais. Para o efeito, são adequados vários métodos. Apenas os hidrocarbonetos clorados e os pesticidas relacionados (por exemplo, HCH) e alguns pesticidas organofosforados (por exemplo, carbofenotão) têm uma ação residual longa. Embora a utilização de muitos pesticidas persistentes tenha sido largamente abandonada, podem ainda subsistir resíduos no ambiente (por exemplo, o DDT). Assim, as filmagens de todas as manipulações de pesticidas nos países devem ser encorajadas de forma a permitir um controlo de qualidade e rentável das plantas medicinais e dos seus produtos (Ziv e Naor 2006).

Avaliação microscópica

A qualidade no domínio dos medicamentos à base de plantas tem sido baseada em conhecimentos convencionais, tal como se encontram nas lições de Ayurveda. Na era atual da perícia técnica, o estudo microscópico da(s) parte(s) útil(eis) é essencial para o reconhecimento preliminar da parte da planta, mesmo em pequenos fragmentos de medicamentos em bruto ou em pó, e para a deteção de substâncias estranhas e adulterantes. Uma avaliação visual quase imperativa, que quase nunca necessita de mais do que uma lente de aumento pouco exigente, pode ser utilizada para garantir que a planta é da espécie necessária e que está a ser utilizada a parte correcta da planta. Em alturas suplementares, é desejável uma investigação microscópica para estabelecer a espécie certa e/ou que a parte correcta da espécie está presente. Por exemplo, a morfologia do pólen pode ser utilizada no caso das flores para identificar a espécie e a presença de certas estruturas microscópicas, como os estomas das folhas, pode ser utilizada para identificar a parte da planta utilizada. Embora isto possa parecer óbvio, é de importância fundamental, particularmente quando partes diferentes da mesma planta devem ser utilizadas para tratamentos diferentes. A urtiga (*Urtica urens*) é um exemplo exemplar, onde as partes acima do solo são utilizadas para tratar o reumatismo, enquanto as raízes são aplicadas para a hiperplasia benigna da próstata.

Determinação de matérias estranhas

As drogas vegetais devem ser preparadas a partir da parte declarada da planta e ser desprovidas de outras partes da mesma planta ou de outras plantas. Devem estar totalmente isentas de bolores ou insectos, bem como de excrementos e contaminantes visíveis, como areia e cascalho, matérias estranhas venenosas e nocivas e resíduos químicos. Além disso, quando as matérias estranhas consistem, por exemplo, num resíduo químico, a TLC é repetidamente desejável para detetar os contaminantes. As matérias estranhas são constituídas por um ou mais dos seguintes elementos: [Partes da matéria vegetal medicinal ou matérias que não as designadas com os limites especificados para a matéria vegetal em causa

[B] Misturas minerais tais como terra, pedras, areia e poeira e vidro, metal e plásticos ou quaisquer outros materiais estranhos. Estes podem estar soltos ou aderentes a estes materiais vegetais medicinais

[C] Qualquer organismo, parte ou produto de um organismo, que não seja o mencionado na especificação e descrição do material em causa

O contacto convicto com a exposição a emissões ionizantes tem sido inevitável, uma vez que muitas fontes, incluindo de nuclídeos de rádio, ocorrem naturalmente no solo e na atmosfera. A poluição perigosa pode ser o resultado de um infortúnio nuclear ou pode provir de outras fontes. Em largo espetro, a natureza e a intensidade destes radionuclídeos podem diferir acentuadamente e dependem de factores como o recurso, que poderá ser um reator, uma instalação de reprocessamento, uma instalação de produção de combustível, uma unidade de fabrico de isótopos ou outra. A poluição cruzada de material à base de plantas isento de radionuclídeos deve ser totalmente evitada durante todas as fases de produção, transporte e compartimento de bagagem. A OMS, em conjunto com várias outras organizações mundiais, desenvolveu uma estratégia para a eventualidade de uma poluição extensiva por radionuclídeos resultante de grandes acidentes nucleares. Estas publicações sublinham que o risco para a saúde, em geral, devido à contaminação radioactiva por radionuclídeos que ocorrem naturalmente não é uma preocupação real, mas os riscos resultantes de grandes acidentes nucleares, como o acidente nuclear de Chernobyl, podem ser graves e dependem do radionuclídeo específico, do nível de contaminação e da quantidade de contaminante consumida. Tendo em conta a quantidade de medicamentos à base de plantas normalmente consumidos por um indivíduo, é pouco provável que constituam um risco para a saúde. Os solventes utilizados na indústria, para além dos medicamentos fitoterápicos desenvolvidos, são repetidamente detectados como contaminantes na água utilizada na irrigação, para beber e para fins industriais e, por conseguinte, chegam às plantas medicinais e aos materiais fitoterápicos numa variedade de fases de crescimento e de distribuição. Uma gama de solventes orgânicos é utilizada para a produção de medicamentos à base de plantas e pode ser detectada como resíduos dessa distribuição em preparações à base de plantas e produtos acabados à base de plantas. Estes devem ser controlados através do controlo de qualidade. Os solventes são classificados pela ICH (CPMP/ICH 283/95), de acordo com o seu risco potencial, em:

[A] Classe 1: solventes a evitar, como o benzeno

[B] Classe 2: Potencial tóxico limitado, como o metanol ou o hexano

[C] Classe 3: Baixo potencial tóxico, como o etanol ***Determinação das cinzas***

O material vegetal é queimado e a cinza remanescente é medida como cinza total e cinza insolúvel em ácido. O resíduo deixado para trás após a queima é o teor de cinzas do conteúdo inorgânico que ocorre naturalmente ou que adere a ele ou que é conscientemente adicionado como adulterante. As cinzas totais são normalmente constituídas por carbonatos, óxidos, fosfatos, silicatos e sílica. Os restos obtidos após a ebulição das cinzas totais com ácido clorídrico diluído e a queima da matéria insolúvel restante ajudam a produzir a quantidade de sílica presente, principalmente sob a forma de areia e terra siliciosa.

ORIENTAÇÕES DA OMS PARA FORMULAÇÕES DE ERVAS PADRONIZADAS DE QUALIDADE

No que respeita à qualidade dos medicamentos ayurvédicos, uma das principais dificuldades é a acessibilidade dos produtos vegetais necessários. Só um número muito reduzido de fabricantes dispõe de instalações próprias para produzir as plantas medicinais necessárias. Outros dependem das plantas selvagens. No mercado, a maior parte dos produtos está disponível, mas a sua autenticidade é duvidosa. As pessoas com pouca experiência podem não estar em condições de identificar a espécie correcta da planta de que necessitam. Este problema afecta, de facto, a qualidade do medicamento e o seu valor terapêutico. Do mesmo modo, a criação em massa também cria vários problemas. As plantas medicinais cultivadas em condições artificiais podem afetar a qualidade dos seus produtos.

1. Controlo da qualidade dos materiais de base dos medicamentos, das preparações vegetais e dos produtos acabados.
2. Avaliação da estabilidade e do prazo de validade.
3. Avaliação da segurança, documentação da segurança baseada na experiência ou em estudos toxicológicos.
4. Avaliação da eficácia através de informações etnomedicinais e avaliações da atividade biológica.

No caso dos medicamentos à base de plantas, contudo, o cenário é diferente, especialmente no que respeita às formulações poli-herbáceas, uma vez que não existem métodos químicos ou lógicos acessíveis. Por conseguinte, podem ser adoptados métodos de rastreio biológico para o controlo de rotina de medicamentos e formulações à base de plantas. No caso dos medicamentos à base de plantas, a qualidade das matérias-primas e dos produtos pode ser assegurada por identificações farmacognósticas e análises fitoquímicas regulares. As formulações à base de plantas em geral podem ser padronizadas esquematicamente de modo a formular o medicamento utilizando matérias-primas recolhidas em diferentes localidades, devendo ser observada a eficácia química comparativa de diferentes lotes de formulação. Devem ser seleccionadas as preparações com melhor eficácia clínica. Os parâmetros físicos, químicos e farmacológicos de rotina devem ser verificados em todos os lotes para selecionar o produto acabado final e validar todo o processo de fabrico.

1. Os parâmetros de estabilidade das formulações à base de plantas incluem parâmetros físicos, químicos e microbiológicos.

2. Os parâmetros físicos incluem a cor, o aspeto, o odor, a clareza, a viscosidade, o teor de humidade, o pH, o tempo de desintegração, a friabilidade, a dureza, a capacidade de escoamento, a floculação, a sedimentação, a taxa de sedimentação e os valores de cinzas.

3. Os parâmetros químicos incluem ensaios de limites, valores de extrato, ensaios químicos, etc.

4. A análise cromatográfica pode ser efectuada por TLC, HPLC, HPTLC e fluorimetria UV.

5. Os parâmetros microbianos incluem o conteúdo viável total, o bolor

total, as Enterobactérias totais e a sua contagem. Os limitadores podem ser utilizados como uma ferramenta quantitativa ou semi-quantitativa para determinar e controlar a quantidade de impurezas, como os reagentes utilizados durante a extração de várias ervas, impurezas provenientes diretamente dos recipientes de fabrico, impurezas do solvente, etc.

6. A decomposição química das substâncias presentes na formulação também produz várias toxinas ou compostos impuros durante o armazenamento em condições indesejáveis.

Os contaminantes podem também provir diretamente da atmosfera. Isto inclui principalmente poeira, dióxido de enxofre, etc.

7. Armazenamento de plantas medicinais e aromáticas. O medicamento em bruto que chega à linha de produção farmacêutica deve ter passado por uma série de fases, todas elas influenciando a natureza e a quantidade de constituintes activos presentes na matéria-prima. Entre estes aspectos, a colheita, a secagem e o armazenamento das plantas medicinais e aromáticas são essenciais antes de qualquer transformação e preparação. Os métodos de armazenamento científico reduzirão absolutamente os fitoconstituintes em grande medida. Os medicamentos em bruto sofrem gradualmente um agravamento ou deterioração a partir do momento em que são colhidos, recolhidos e armazenados. Algumas drogas estragam-se rapidamente, outras conservam-se durante períodos mais longos, mas incompletos. A deterioração provoca alterações físicas, químicas e biológicas nos medicamentos, tornando-os impróprios para consumo humano. Para preservar estes constituintes físicos e químicos do medicamento da deterioração, é necessário armazenar o material de forma correcta e

científica para obter os efeitos terapêuticos máximos.

8. Normalização dos Bahasmas. As utilizações de metais e minerais como medicamentos são mencionadas em Charak Samhia (500 a.C.), mas mais cientificamente, a utilização sistemática e extensiva de metais e minerais é iniciada por Nagarjuna e outros (8-12 d.C.). Estas preparações herbo-minerais e metal-minerais constituem um ramo distinto da Ayurveda chamado Rasashastra. Estas preparações, frequentemente chamadas Rasakalpas, são consideradas potentes em termos de ação. As doses e a duração da utilização destes medicamentos são curtas. Para além disso, são considerados Yogavahi. Ao normalizar as matérias-primas, os métodos de transformação e as formulações acabadas, é possível fornecer parâmetros normalizados para avaliar a qualidade e a eficácia dos medicamentos. Assim, para fornecer um valor normalizado, gerar confiança e controlo de qualidade, segurança e eficácia das formulações ayurvédicas, o instrumento de normalização é essencial.

Requisitos de controlo da qualidade das novas preparações de medicamentos tradicionais

O controlo da qualidade dos fotoprodutos destinados ao consumo humano e ao mercado mundial pode ser assegurado através da manutenção da qualidade das matérias-primas, da adequação da tecnologia de transformação e da qualidade dos produtos acabados.

[A] Prescrição e seu fundamento

[B] Dados da literatura e da investigação sobre as características físico-químicas relacionadas com a qualidade

[C] Tecnologia de preparação e suas referências de investigação

[D] Projeto de norma de qualidade e explicação sobre matérias-primas medicinais e medicamentos

[E] Texto e dados de ensaio sobre estabilidade precoce para investigação científica

[F] Os relatórios de deteção da qualidade e de deteção das normas de higiene da preparação para a investigação clínica

[G] Propriedade e especificação do material de embalagem do medicamento, projeto de design do rótulo e instruções aplicadas

Requisitos gerais das normas de controlo de qualidade dos medicamentos

[A] Determinação qualitativa dos compostos efectivos ou do componente analítico de 1-2 espécies dos principais materiais medicinais na recomendação

[B] Reconhecimento qualitativo de grande parte a metade dos materiais medicinais na instrução

[C] Determinação do teor de Pb, Cd, Hg, As e ensaio limite para metais pesados em medicamentos

[D] Padrão higiénico: Bactérias < 1000/l gm, bolor, 100/l gm, colibacilose-nulo

[E] Determinação de resíduos de pesticidas (Cl e P orgânicos) no medicamento

O sistema geral de avaliação da qualidade dos produtos botânicos

O esquema geral para a avaliação da qualidade dos produtos botânicos, tal como sugerido por muitos cientistas, é o seguinte [A] Avaliação dos materiais vegetais de base

1. Descrição geral da planta
2. Peças utilizadas
3. Produção de droga bruta cultivo, colheita, pós-colheita, embalagem, armazenamento

4. Especificações de qualidade: Identificação química ou cromatográfica, limite de matérias orgânicas estranhas, teor de cinzas, teor de cinzas insolúveis em ácido, extrato solúvel em água, extrato solúvel em álcool, teor de humidade, teor de componentes activos, limite microbiano, limite de resíduos de pesticidas, limite de metais pesados, contaminantes prováveis, adulterantes [B] Avaliação dos produtos acabados

1. Tabelas: variação de peso, tempo de desintegração, identificação de conservantes e ingredientes activos, determinação de extractos em vários solventes, limite microbiano, metais pesados
2. Soluções: pH, identificação dos conservantes e dos princípios activos, teor alcoólico, limite microbiano, teor de sacarina de sódio
3. Infusões: variações de peso, identificação de conservantes e princípios activos, determinação de extractivos em diferentes solventes, limite microbiano, metais pesados, bórax

[C] Método de normalização química: TLC/HPLC, HPLC, GLC, FTIR

[D] Marcadores químicos: Necessidade de materiais não processados, garantia de qualidade no controlo de processos, normalização do produto, obtenção de perfis de estabilidade, marcadores simples vs. impressão digital.

[E] Parâmetros de validação do ensaio: Linearidade, limites de quantificação e de deteção, precisão, robustez, recuperação.

Mistura complexa e variável, escolha dos compostos a quantificar, preparação difícil da amostra, falta de padrões de referência puros, falta de métodos de padrões de química analítica são alguns dos desafios na Normalização Química de drogas vegetais (Figura 25).

Figura 25: Representação esquemática da normalização de medicamentos à base de plantas

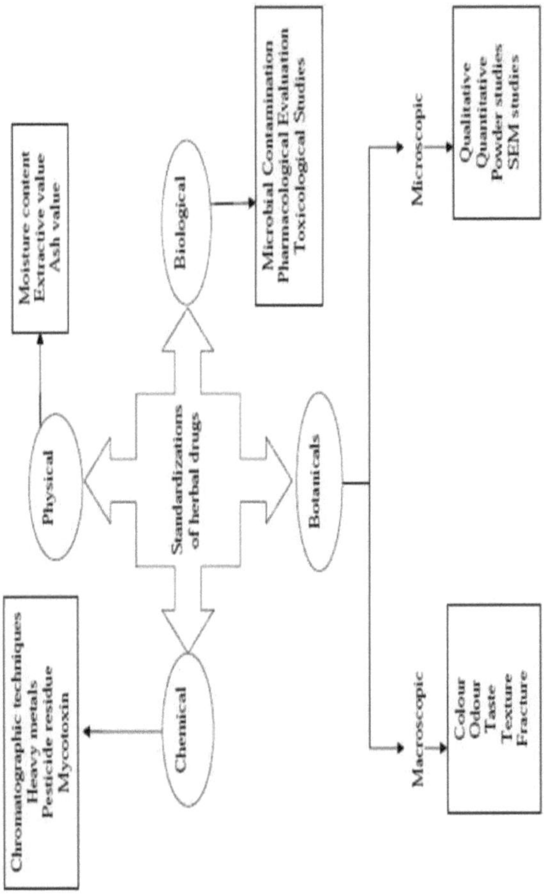

[Fonte: Desenhado pelo autor].

CAPÍTULO 5

CONCLUSÕES E PERSPECTIVAS FUTURAS

Tendo em conta a ameaça da diabetes a nível mundial, cientistas, empresários e ONGs aperceberam-se da importância das plantas medicinais e aromáticas que crescem em várias regiões agroquímicas para a sua utilização na medicina herbal. Neste sentido, foram feitos esforços para melhorar o seu valor medicinal em termos de qualidade e quantidade, para além de as conservar utilizando técnicas de cultura de tecidos. A utilização sustentável destes recursos genéticos constituirá um passo em frente para a erradicação da diabetes. Os materiais vegetais são utilizados em todo o mundo desenvolvido e em desenvolvimento como remédios caseiros, em medicamentos de venda livre e como matéria-prima para a indústria farmacêutica e representam uma proporção substancial do mercado mundial de medicamentos. Por conseguinte, é indispensável reconhecer directrizes documentadas a nível mundial para avaliar a sua qualidade.

As ervas medicinais têm vindo a ser aceites ao longo dos anos, mas o público e os médicos ainda não compreendem bem os medicamentos à base de plantas. A progressão das técnicas de investigação constituirá um instrumento rápido e específico na investigação das plantas medicinais, permitindo assim aos fabricantes estabelecer normas e especificações de qualidade, de modo a obter a aprovação das autoridades reguladoras para a comercialização da eficácia terapêutica, da segurança e do prazo de validade dos medicamentos à base de plantas. As aplicações de técnicas hifenizadas avançadas orientadas para a alta tecnologia servirão como uma ferramenta rápida e clara na investigação de ervas, beneficiando assim toda a indústria farmacêutica. A ênfase foi colocada na domesticação, fabrico e estudos biotecnológicos e melhoramento genético de plantas medicinais. A tendência para a domesticação e plantação de plantas medicinais como alternativa à utilização de plantas selvagens colhidas oferecerá imensas vantagens, uma vez que é possível fornecer matérias-primas uniformes e de alta qualidade.

CAPÍTULO 6

REFERÊNCIAS

Abdul Karim M, Ahmed SU. Embriogénese somática e micropropagação em *cabaça Teasle*. Intl J Environ Sci Dev 2010; 1(1): 10-14.

Al-Naggar AMM, Shabana R, Rady MR, Ghanem SA, Saker MM, Reda AA, Matter MA, Eid SAM. Iniciação e regeneração de calos *in vitro* em algumas *variedades de canola*. Intl J Acad Res 2010; 2(6): 2010.

Anis M, Kashif Husain M, Shahzad A. Regeneração *in vitro* de plântulas de *Pterocarpus marsupium* Roxb., uma árvore leguminosa ameaçada de extinção. Current Sci 2005; 88 (6): 1-6.

Arora K, Sharma M, Srivastava J, Ranade SA, Sharma AK. Clonagem *in vitro* de *Azadirachta indica* a partir de explantes radiculares. Biol Plant 2011; 55(1): 164-168.

Agroatlas

Discussão sobre biologia

Daniel D, Kalidass C, Mohan VR. Indução de rebentos múltiplos *in vitro* através do botão axilar de *Ocimum basilicum* L., uma planta medicinal importante. Intl J Biol Technol 2010; 1(1): 24-28.

Dwivedi P, Kumar P. Anti-diabetic medicinal plants and their conservation: Waging green war on diabetes. Med Plant 2011; 3(3): 181-189.

Dwivedi P, Kumar P. Tackling the menace of obesity using botanicals having anti-obesity properties. Intl J Agri Environ Biotech 2012; 5(2): 179-185.

Faheem M, Singh S, Tanwar BS, Khan M, Shahzad A. Regeneração *in vitro* de rebentos de multiplicação em *Vinca roseus-Uma* planta medicinal importante. Adv App Sci Res 2011; 2(1): 208-218.

Imagens da silvicultura

Goel MK, Kukreja AK, Khunuja SPS. Produção vegetal *in vitro* de "folha de mel doce" *Stevia rebaudiana* (Bert.) Bertoni. In: Kukreja AK et al. (eds) New Frontiers in Plant Biotechnology: Proc Natl Sem on Plant Biotechnology realizado no CIMAP, Lucknow, 2007; pp 90-93.

Groot MJ, Vanderroest J. Medicinal and Aromatic Plants (ed. R.J. Bogers, L.E. Craker e D. Lange). Springer 2006; Impresso nos Países Baixos.

Hazeena MS, Sulekha GR. Indução de calos e regeneração de plântulas em *Aegle marmelos* (L.) Corr. Utilizando explantes de cotilédones. J Trop Agri 2008; 46(1-2): 79-84.

Hussey G. Propagação *in vitro* da cebola *Alliun cepa* por proliferação de rebentos axilares e adventícios. SCI Hort 1978; 9 (3): 227-236.

Islam S, Jahan MAA, Khatun R. Regeneração e multiplicação *in vitro* de *Moringa oleifera* L. J Biol Sci 2005; 5(2): 145-148.

Isuagecntre.com

Kawale MV, Choudhary AD. Indução de rebentos múltiplos in *vitro* em *Trichosanthes cucumerina* L. Ind J Plant Physiol 2009; 14(2): 116-123.

Komalvalli K, Ahmed BA, Rao AS, Rao MV. Organogénese *in vitro* de *Gymnema sylvestre* (Retz.) R. Br. ex Roemer e Schultes- uma planta medicinal polivalente. In: Procedimentos do Simpósio Nacional de Biotecnologia Vegetal: New Frontiers 2007, CIMAP, Lucknow. Editores: AK kukreja et al. 6-17.

Kumar P, Dwivedi P. The role of polyamines in combating heavy metal stress in *Stevia rebaudiana* Bertoni plants under in vitro condition. Publicado por LAP Germany 2012. p74.

Kumar P, Mandal B, Dwivedi P. Capacidade de eliminação de metais pesados de *Mentha spicata* e *Allium cepa*. MED Plant 2011; 3 (4): 315-318.

microbwiki.kenyon.edu

Nirmal Babu K, Samsudeen K, Ravindra PN. Regeneração direta de plântulas a partir de inflorescências imaturas de gengibre (*Zingiber officinale* Rose.) por cultura de tecidos. J Spi Aroma Crops 1992; 1: 43-48.

Pant M, Bisht P, Gusain MP. Propagação in vitro através da cultura de gemas axilares de *Swertia chirata* Bunch. - Hamex Wall: uma erva medicinal ameaçada de extinção. Intl J Intel Biol 2010; 10(1): 48-53.

prota4u.org

Raghu AV, Geetha SP, Martin G, Balachandran I, Ravindra PN. Propagação clonal *in vitro* através de nós maduros de *Tinospora cordifolia* (Wild.) Hook. F. e thorms: Uma importante planta medicinal ayurvédica. In Vitro Cell Devel Biol Plant 2006; 42(6): 584-588.

Ramesh M, Umate P, Rao KV, Sadanandam SA. Micropropagação de *Terminalia bellirica* Roxb. - Uma planta sericícola e medicinal. In Vitro Cellu Devel Biol Plant 2005; 41 (3): 320-323.

Rani U, Sharma MM, Isma N, Batra A. Regeneração rápida de plantas *in vitro a* partir de sementes imaturas de *Murraya koenigi* (L.) spreng. Aca J Plant Sci 2010; 3(1): 19-22.

Sharma G, Ram A. Influence of explants type and plant growth regulators on *In vitro* multiple shoot regeneration of a *Laurel* from Himalaya. Mater

Sci 2009; 7 (9): 1-7.

Singh P, Singh VK, Dwivedi P. Multiplicação in vitro de *Stevia rebaudiana* - uma planta medicinal anti-diabética. In: Proc Intl Conf on Emerging Trends in Plant Biotechnology realizado em B.H.U., Varanasi, 4-6 de dezembro de 2009, p. 97.

Singh VK, Dwivedi P. Efficient *in vitro* shoot multiplication of *Gymnema sylvestre* R.Br. - an antidiabetic medicinal plant. Ind J Plant Physiol 2010; 15(3): 250-254.

theconversation.com

OMS. Directrizes sobre Boas Práticas Agrícolas e de Colheita (BPCC) para Plantas Medicinais. Organização Mundial de Saúde, Genebra 2003.

OMS. Legal status of Traditional Medicine and Complementary/Alternative Medicine (Estatuto jurídico da medicina tradicional e da medicina complementar/alternativa). Organização Mundial de Saúde, Genebra, 2002.

OMS. The International Pharmacopeia Vol.4: Test Methods and General Requirement, 3rd edn. Organização Mundial de Saúde, Genebra, 1998.

OMS. Directrizes da OMS sobre Boas Práticas Agrícolas e de Colheita (BPCC) para Plantas Medicinais. Organização Mundial de Saúde,

Genebra, 2004.

WikiGardener

Ziv M, Naor V, Flowering of Geophytes *in vitro.* Prop Orna Plants 2006; 6 (1): 3-16.

More Books!

yes I want morebooks!

Buy your books fast and straightforward online - at one of world's fastest growing online book stores! Environmentally sound due to Print-on-Demand technologies.

Buy your books online at
www.morebooks.shop

Compre os seus livros mais rápido e diretamente na internet, em uma das livrarias on-line com o maior crescimento no mundo! Produção que protege o meio ambiente através das tecnologias de impressão sob demanda.

Compre os seus livros on-line em
www.morebooks.shop

info@omniscriptum.com
www.omniscriptum.com

OMNIScriptum

MIX
Papier aus verantwortungsvollen Quellen
Paper from responsible sources
FSC® C105338

FSC
www.fsc.org

Printed by Books on Demand GmbH, Norderstedt / Germany